即戦力になるための パソコンスキルアップ講座

土台をつくる基礎知識と効率アップの仕事術

唯野 司 [著]
Tsukasa Tadano

技術評論社

注意 ご購入・ご利用の前に必ずお読みください

- 本書に記載された内容は、情報の提供のみを目的としています。したがって、本書を用いた運用は、必ずお客様自身の責任と判断によって行ってください。これらの情報の運用の結果について、技術評論社および著者はいかなる責任も負いません。

- 本書記載の情報は2017年2月現在のものを掲載しておりますが、ご利用時には変更されている場合もあります。ソフトウェアに関する記述は、特に断りのない限り、2017年2月現在でのバージョンの最新アップデートをもとにしています。ソフトウェアはアップデートされる場合があり、本書での説明とは機能内容や画面図などが異なってしまうこともあり得ます。あらかじめご了承ください。

- 本書は、以下の環境で動作を確認しており、本書掲載画面も以下のバージョンを採用しております。お使いの機種やアップグレードの状況によっては、画面図に違いのある場合もございます。

  > Windows10 Anniversary Update

- インターネットの情報についてはURLや画面等が変更されている可能性があります。ご注意ください。

以上の注意事項をご了承いただいた上で、本書をご利用願います。これらの注意事項をお読みいただかずにお問い合わせいただいても、技術評論社および著者は対処しかねます。あらかじめご承知おきください。

商標について

- Microsoft、MS、Windowsは米国Microsoft社の登録商標または商標です。その他、本書に掲載されている会社名および製品名などは、それぞれ各社の商標または登録商標、商品名です。なお、本文中では、™マーク、®マークは明記しておりません。

はじめに

　職場ではWindowsパソコンを使って、仕事を進めている。パソコンがなければ、仕事にならないくらいなのに「ちゃんと仕事で使えるスキルがありますか？」と問われると、胸をはって「はい！」とは言えないなぁ〜と、密かに思っているあなたに質問です。YES、NOでお答えください。

- パソコンとWindowsの違いがわかる。
- タスクバーによく使うアプリのアイコンを置いている。
- 画面が固まったとき、まず何をすればよいかわかる。
- ファイルの正体を知っている。
- バックアップは常識だと心得ている。
- パソコンを使い続けると遅くなってくることは理解している。

　この6つの問いに、すべてYESと即答できた人は、パソコンを仕事の武器として十分使いこなしている方です。この本は閉じて職場に戻り、仕事に励んでください。
　NOが多かった人は、ひとまず仕事のことは忘れて、パソコンに関する自分の知識を見直してみましょう。
　ここ数年、パソコンの性能だけでなく、周辺機器やネットワーク環境などIT関連の技術は飛躍的に向上しています。そのため、ユーザーがパソコンの仕組みを知らなくても、アプリケーションソフトを使いこなせれば、ある程度のファイル操作は可能です。またIT教育の普及により、幼い頃からパソコン教育を受けてきた世代は、パソコンに対する抵抗感がなかったり、インターネットを使ったコミュニケーションを得意としている人は多いでしょう。
　結果よければ、すべてよし。商談の成立やプレゼンテーションの成功といった、ビジネス上の目的に達することができれば、"パソコンで仕事ができる人"と思い込んではいませんか？

　もちろん、仕事を進めていくために、当初の目的に達することは大切ですが、それに至るまでに「どれくらいの時間が掛かったか」という点は、ビジネスの場では大きなポイントになります。いくら素晴らしいプレゼンテーション用のファイルができても、何日も作成に時間を費やしてしまっては、社内での評価はかなりのマイナスとなるでしょう。

仕事でパソコンを使うのは、アナログでのやり方に比べると「短時間で」「見栄えよく」「正確に」業務が完遂できるためです。この3つのポイントに、すべて合格点をもらえるほど、自分がパソコンを使いこなしているか、ちょっと振り返ってみてください。

「保存したはずのファイルが見当たらず、探すだけで一時間掛かってしまった」
「重要なファイルが開かず、原因を見つけるのが一日仕事だった」
「効率的な方法ってなんだろう？ 自分のやり方は、はたしてベストなのだろうか？」
　こんな反省や疑問が思い浮かぶなら、今こそスキルアップのチャンスです。

　毎日、パソコンを使っているとはいえ、思わぬトラブルに遭遇して頭を抱えたり、漫然と悩みを抱え続けている人は意外と多いものです。また、IT教育を受けてきた新入社員のなかには、パソコンを操作することには慣れていても、就職して職場のパソコンに対峙したとき、自分流の使い方が通用せず、ミスを連発してしまったという話もめずらしくありません。
　たとえるなら、四則計算がどんなものか知らない小さな子どもが、電卓の数字と記号のキーを指示されたとおりに押して、答えを出しているようなものです。手順を誤れば、どこから計算しなおせばよいか、わからなくなってしまうでしょう。同じように、ファイルを操作している最中に自分の思いどおりに作業が進まなくなったとき、基礎的な知識がなければ、解決の糸口を見出せません。
　ここでいう「基礎的な知識」とは、冒頭の6つの質問に回答できるレベルを指します。操作そのものに関わるものではないため、新社会人だけでなく、日々の業務に追われて忙しい人でも見過ごしてきた部分ではないでしょうか。

　本書は「仕事を円滑に、かつスピーディーにトラブルなく進めたい人」が、これだけは知っておいてほしい、そして実践してほしいことを取り上げていきます。パソコンを使いこなすためのベースとなる基礎的な知識を持ってしまえば、応用は意外と簡単！ ちょっとした工夫を加えることで、自分のワークスタイルにあったやり方が見えてきます。
　タイトルにある「即戦力」は、あなた自身のスキルアップにより、仕事の精度・効率が向上して戦力が強化することを意味しています。「パソコンを使うってそういうことだったんだ！」と理解を深め、パソコンを仕事の武器として十分使いこなしていける知識とスキルを身につけることで"できるビジネスパーソン"への第一歩を踏み出しましょう！

2017年2月　　唯野　司

即戦力になるためのパソコンスキルアップ講座　　　　　　　　　　　　**Contents**

第1章　仕組みを押さえることがスキルアップの第1歩　011
～パソコンは何でできている？

- 仕組みをちゃんと知れば、スキルアップの土台ができるから　012
- パソコンって、一体どんな機械なのか　014
    - column　世界最初のコンピューター　015
- パソコンはさわれるもの（ハードウェア）と、さわれないもの（ソフトウェア）でできている　016
- さわれるものと、さわれないものの間を取り持つOS　018
    - column　ソフトウェア、プログラム、アプリケーションソフトの違いとは　020
- パソコンは「Windows」のことではない　020
    - column　Windows以外のOS『MacOS』022
- なぜWindowsにいろいろなバージョンがあるの？　022
- Windowsが常に最新の状態で使えるようになるということ　025
    - column　CPUって、こんなもの　027
- 使っているパソコンのスペックを確認しよう　028
    ［設定］画面でパソコンのスペックを確認する　028／「コントロールパネル」でパソコンのスペックを確認する　028／ハードディスクの状況を確認する　030
    - column　Windows10のエディションとシステムの種類　030
- 使ってもよいWindowsと悪いWindowsがあるのはなぜ？　031
- 仕事で使うパソコンは、最新バージョンがベスト？　034
- さわれないものを扱って仕事をするとは　035
    - column　デジタルとアナログの意味　039

第2章　作業しやすい環境を整える　041
～効率アップにつながるデスクトップの作り方

- パソコン仕事はデスクトップからはじまる　042
- 使いやすいデスクトップとは　043
- よく使う道具は、どこに置くのがベストなのか？　045
    ショートカットをデスクトップに作成する　047／［スタート］メニューに表示させる　048
    - column　デスクトップアプリとストアアプリ　050
- 使いやすい［スタート］メニューは、どんなもの？　050
    ［スタート］メニューにフォルダーを表示させる　051／タイル表示をやめる　051

■ 地味に見えるが、実はあなどれない「タスクバー」の存在　053
　使いたいウィンドウを一番上にしたい 054 ／よく使うアプリケーションソフトなどを登録する 055 ／通知領域に必要なアイコンを追加する 056 ／起動しているアプリケーションを確認する 057 ／開いているウィンドウの内容を確認する 058 ／よく使う、最近使ったファイルを開く 058 ／デスクトップの表示・非表示を一瞬で切り替える 059

　　column 「最近開いた項目」の必要性　061

■ これ大事！ デスクトップのレイアウトを考える　062
　タスクバーの幅を変更する 063 ／タスクバーの位置を変更する 063 ／タスクバーのボタン表示を設定する 063 ／タスクバーを固定する 064 ／タスクバーの表示・非表示 064
　デスクトップに置きたいアイコンを決める 064 ／アイコンの大きさを決める 065
　アイコンの配置について 066

■ 壁紙を変えれば、仕事がやりやすくなる？　066
　テーマを変更する 067 ／壁紙を変更する 068

　　column こんな仕事用デスクトップは、いかが？　069

■ 仕事ができる人は、複数のデスクトップを操る？　070

　　column デスクトップの"今"を記録したい　071

■ 作業の途中にパソコンから離れるときは　072

　　column スクリーンセーバーを有効活用　073

■ サインインに使っているのは、「Microsoftアカウント」
　それとも「ローカルアカウント」？　074
　「Microsoftアカウント」はクラウド上のアカウント情報 074 ／「ローカルアカウント」はパソコン内のみのアカウント情報 075

　　column Windows10で登場した「PIN」とは 075

第3章　スピーディーな操作が仕事の効率をアップさせる　077
～すぐに実践できるショートカットキーの技をマスターしよう

■ キーボードから手を離さず操作できる！？ パソコンを1秒で操作するとは？　078
　　column 数字が入力できない？ 大文字しか入力できない？　080
■ 一番に覚えたいショートカットキー「コピー＆ペースト」　081
　　column テキストを上手に選択したいとき　082
■ 文章作成に活用したい、お勧めショートカットキー　083
　　column まったくマウスを使わず、文章を作成していけるのか？　085
■ 実は、このショートカットキーが一番使用頻度が高い！　085
　　column "取り消し"を"取り消す"ショートカットキー 087
■ 効率良くマスターするには［Ctrl］キーに注目しよう　088
■ 左手で［Ctrl］キーを支点に操るゆえの妙味　089

- column キーボードの文字配列に意味はあるか？ 091
- 作業中のウィンドウ操作をスピーディーに行いたい 092
- ファイルやフォルダーの操作をサクッと行いたい 097
- 「ファイル名を指定して実行」機能を即座に使う 100
  - column 「ファイル名を指定して実行」を使いこなす 101
- Windowsをワンタッチでロックまたは終了させたい 103
- マウスが無用？ こうやればキー操作だけで実行できる 104
- このキーが持つ機能も知っておきたい 107
- ショートカットキーを自分で作成したい！ 109
- マウスやタッチパッドの操作をしやすくしたい 110
  - マウスポインターの移動する速さを変更する 110
  - 画面をスクロールする速さを変更する 111
    - column ブラインドタッチができる能力は必要か？ 112

第4章 パソコンで仕事をするとは、ファイルを操作すること 113
～ファイルの正体を知れば、操作の中身が見えてくる

- パソコンの中身は全部ファイルだ！ という真実 114
- ファイルが開かない、そのワケは？
  ～データファイルとプログラムファイルについて 115
  - 開かないファイルの開き方 117
- ファイルの種類は、どうやって判断するのか？ 118
  - すべてのファイル名に拡張子を表示させる 119
  - データファイルを開くことができるプログラムファイルを確認する 119
  - 拡張子がないファイルを開くには？ 120／代表的な拡張子 121
    - column なぜ拡張子は非表示設定なのか？ 122
- データをファイルに変身させるときの３つの条件 123
    - column 意外と大きな問題となる"ファイルの互換性" 125
- 開くアプリケーションソフトを決めて、効率性アップ！ 126
  - 特定のファイル形式における関連付けを変更する 127
  - 今回のみ、別のアプリケーションソフトで開きたい 127
    - column Windows10にアップグレードしたら、関連付けが変わってしまった！ 128
- 意外と重要！ ファイルをどのディスクに保存するか？ 129
  - ハードディスクの中身を見てみる 129／保存場所はCドライブ以外がのぞましい 130
- 賢いファイルの仕分けは、フォルダー構成から 132
  - 進行状態を基準にフォルダーを分ける 133／時系列にフォルダーを分ける 133
  - 案件ごとにフォルダーを分ける 134／究極の手段！ 全部一つのフォルダーに保存する 135

- パソコンは保存場所を「パス」で表現する　136
  - 社内でパスの情報を共有するとき 138
    - column　パスを変更してはいけないファイルの存在　139
- ファイル名を付ける前に知っておきたいルール　140
  - column　深い階層、長いファイル名が引き起こすトラブル　141
- 仕事のファイルの名前は、どうあるべきか？　142
  - 日付＋内容にする場合 143／通し番号を入れる場合 144／作成者名を入れておく 144
  - アルファベットを入れておく 144／区切りに使う記号は「_(半角アンダーバー)」で統一 145
    - column　ファイル名に使わないほうがよいもの　146
- エクスプローラーの表示設定は、自分仕様に変更する　146
  - クイックアクセスを活用する 147／任意のフォルダーを常にクイックアクセスに表示する 148
  - 起動時の表示場所を変更する 148／作業しやすい表示設定とは 149
  - フォルダーを新しいウィンドウで開く 151
    - column　エクスプローラーをシンプルにしたいなら 152
- 特定のファイルやフォルダーをすぐに開きたい　153
- 意外とわかっていないファイルのサイズと単位について　154
    - column　8ビットが基本単位になった理由　156
- ファイルを圧縮するって、どういうことか？　157
- メールを使った添付ファイルのやりとりについて　158
    - column　大容量ファイルを相手に渡したいとき 160

第5章　重要なファイルを失わないために知っておくべきこと　161
〜膨大な作業時間と労力の結晶が、一瞬で消える事実

- パソコン作業において、もっとも効率が悪い事態とは　162
  - ファイルが開かない 162／ファイルが見つからない 163
  - ファイルの内容が違う、消えた 163
    - column　アイコンが真っ白な見知らぬファイル　163
- ディスプレイ画面に表示されている内容は、"保存" されているか？　164
- 「上書き保存」と「名前を付けて保存」の違いとは？　166
- 重要なファイルを変更されないための対策法　169
  - ファイルを読み取り専用にする 169／ファイルにパスワードを設定する 170
  - 圧縮ファイルにしてパスワードを設定する 171
    - column　パスワード設定済みのファイルをメールで送るとき　172
- 作成したファイルが見つからないとき　172
  - タスクバーのCortanaを使う 173／エクスプローラーの検索ボックスを使う 174
  - ファイルの内容まで検索対象にしたい 175／検索する正しいファイル名がわからないとき 175

　　　　column ファイルの内容まで検索したい？　176
　　　　column Cortanaにまつわる仕様のあれこれ　177
■ダウンロードしたファイルが、どこにあるかわからない　178
　　Internet Explorer11の場合 178／Microsoft Edgeの場合 179
　　　　column ブラウザーに表示されたPDFファイルを保存したい　180
■削除してしまったファイルは復元できるのか？　180
　　　　column Windowsの「ごみ箱」の仕様とは　182
■備えあればうれいなし。バックアップこそ王道の対策法　183
　　バックアップしたいファイルはコピーするだけ 184／「送る」機能を活用する 185
　　［送る］メニューのサブメニューに項目を追加する 186
■自力では限界がある！ 転ばぬ先の自動バックアップ機能の活用　187
　　ファイルの履歴を使用する 188／バックアップからデータを復元する 190
　　　　column エクスプローラー画面で「ファイルの履歴」を呼び出す　192
■バックアップ先のメディアは、どれを選ぶ？　193
　　　　column USBメモリーは正しく使っているか？　199
■永遠にファイルを保存できるメディアはない、という認識　200
　　異なる2種類のメディアを使う、お勧めのバックアップ方法 200
■ファイルを第三者に奪われないための心構え　202
　　PINを設定する 204
　　　　column Windows10が備えるセキュリティ強化機能　205
■インターネット経由でファイルを奪われないために　205
　　ウイルス対策ソフトは常に起動させる 206
　　ウイルス対策として日頃から気をつけたいこと 208

第6章　自分のパソコンの面倒は自分で見る！　211
　　　　～調子が悪いときに、どこをどうすればよいのか

■トラブルシューティングは"脱パソコン初心者"の第一歩　212
■パソコンの動作が遅く感じるなら　213
　　CPUに負荷を掛けているものを確認する 214
　　常駐アプリケーションソフトを無効にする 215
　　　　column 無用なアプリケーションソフトはバックグラウンドで実行させない　216
■設定を見直して速度アップをはかる　217
　　パフォーマンスを優先する 217／電源オプションを見直す 219
　　シンプルな画面にする 219／マウスの動きを調整する 220
　　　　column マウスの行方を見失うようなら　221

- スリープ、休止状態、シャットダウンの使い分けができているか 222
  - column 席を離れるときは、「ロック」を掛ける 224
- 自動的にメンテナンスを行っているということ 225
  - column 自動メンテナンスでパソコンが重くなる? 227
- Windowsは最新の状態で使うことが常識 227
- 使い続けてきたパソコンの動作が遅くなる理由 229
- 長く使い続けたパソコンのスピードアップ法 231
  不要なファイルをまとめて削除する 231 ／ハードディスクの断片化を確認する 232
  最適化の実行について 233
  - column Windows10におけるSSDの最適化とは 234
- 画面が固まって動かない! そのとき、どうする? 235
  特定のアプリケーションソフトのみがフリーズしている 235
  何をやってもフリーズが解消しない 236
- パソコンの調子が悪くなる直前の状態に戻す 238
  「システムの復元」を有効にする 238 ／「復元ポイント」を作成する 239
  「システムの復元」をする 240
- パソコンが動かない! そのとき何をすればいいのか 242
- Windowsが起動しないとき、まずは機械的な故障がないかを確認しよう 243
  - column 修理を依頼するとリカバリーは避けられない 246
- Windowsの起動がうまくいかないとき 246
- 最終手段は「このPCを初期状態に戻す」 248
  - column 必ず事前に準備したい!「回復ドライブ」というもの 250

第 1 章

仕組みを押さえることが スキルアップの第1歩
～パソコンは何でできている？

ビジネスツールとして、あまりにも見慣れたパソコンですが、どういったモノで成り立っているのか、考えたことはありますか？ 知らなくても仕事はできますが、知るともっとパソコンが身近な存在になってくる。仕事のアイテムとして、活用しやすくなる。そんな基本の"キ"となる部分のお話しです。

仕組みをちゃんと知れば、
スキルアップの土台ができるから

　ビジネスの場では、パソコンスキルがあることは必須のこと。

　では、どの程度のスキルがあれば、会社で通用するのか？ と問われると、「Wordでビジネス文書が作成できる」「Excelで基本的な表やグラフぐらいは作れる」程度などという答えが返ってきます。

確かに『Word（ワード）』『Excel（エクセル）』『PowerPoint（パワーポイント）』といった、ビジネス系の三大アプリケーションソフトは使いこなしてほしいな。でも、それだけでは通用しない場面も多いからね。

そうですよね。僕は学生時代、Wordでレポートを書いてプリントアウトして提出していたから、見積書の作成くらい簡単にできます。でも昨日、大失敗しちゃって課長に怒られたんですよ。

　後輩くんの失敗談を見てみましょう。

　その日、課長から「Wordで見積書を作成しておいてくれ。でき上がったファイルは、メンバー全員が確認できるように、うちの課の共有フォルダーに保存しておくように。パスはここだよ」と指示を受けた彼は、内心真っ青になっていました。

　まず"パス"の意味がわからない。そもそも共有フォルダーに保存するってどういうこと？ どうすれば保存できるのか？ と疑問だらけ。

　そこで先輩に指定された共有フォルダーの"ショートカット"を自分のパソコンのデスクトップに作成してもらい、そこにファイルを保存して、なんとか仕事は完了させました。

　次に課長から「作成した見積書のファイルをコレにも入れておいて」とUSBメモリーを手渡されました。このとき彼は、あろうことか共有フォルダーのショートカットをUSBメモリーにコピーして、取引先に向かう課長に渡してしまったのです。

　商談の場でUSBメモリーの中身を見た課長はびっくり。そこにはショートカットのアイコンがあるだけで、見積書ファイルの姿はどこにもありません。結局、取引相手に見積書を提示できないまま戻ってきた課長から、後輩くんは大叱責を受けてしまった、というわけです。

わ～、やっちゃったね。どこでミスしたのか、わかっているかな？

それが、わからないんです。僕のパソコンでは、ちゃんと共有フォルダーに見積書のファイルが入っているんですけど？

こういったミスをしてしまう人は、"パソコンに関する基本的な知識が欠けている"という壁にぶつかっています。この壁を越えることができなければ、パソコンがビジネスを推し進めていくための武器にはなりません。

では、どうすれば基本知識を身につけることができるでしょうか？ 答えは意外と簡単です。==パソコンは何ができる機械なのか、どういった仕組みで動いているのかを知ること==です。

最近はIT技術の進化により、パソコンはずいぶん使いやすくなりました。突然動かなくなるようなトラブルは少なく、インターネットに接続してWebサイトの閲覧を楽しんだり、友人とメールのやりとりをする程度なら、"どんな仕組みで動いているか"まで知らなくても利用することは可能です。テレビや携帯電話など同様、小さな子どもや高齢者でも難なく使いこなせるレベルまで、パソコンは"使いやすいコンピューター"に進化しています。

ところが会社のパソコンとなると、汎用性が高いゆえに一筋縄ではいきません。多くの人とファイルを共有したり、一台のパソコンを複数人で使ったりと、自分流のルールが通用しない環境である場合がほとんどです。そのなかで==円滑に仕事を進めていくためには、パソコンおよびネットワークの基本がわかっていることがベース==となります。逆にいえば、基本がわかっていなければ「なぜ会社ではこういったルールを設けて社員にパソコンを使わせているのか」が、理解できないでしょう。

パソコンにおいて、ファイルを共有する（参照 P.169）ことの意味、ショートカットの役割（参照 P.047）、USBメモリーなどの外部記憶メディア（参照 P.193）の使い方など、==基本的な仕組みがわかっていれば、指示された作業をまっとうするために「何をすべきか」が自ずと見えてきます==。

どうしてファイルがコピーされていなかったかを説明しても、パソコンの基本の"キ"がわかっていないと、また同じミスをしてしまうよね……。よし、ちょっと回り道になるけど、パソコンがどんな機械なのかってところから、見直していくよっ！

（え？ それって大変じゃない？ でも、このまんまではヤバいよな俺）はい、よろしくお願いしますっ（うっ、もうガンバるしかないよな……）。

パソコンって、一体どんな機械なのか

　パソコンの仕組みを見ていく前に、まずはパソコンが、どんな機械であるかを知っておきましょう。

　パソコンとは「パーソナルコンピューター（Personal Computer）」の略称です。日本語に訳すと"個人的な電子計算機"という意味ですが、電卓に比べると、見た目は計算機っぽくありません。ディスプレイに映し出される画面に、計算式なんぞは出てきません。一体パソコンは、何をどう計算をしているのでしょうか。

そもそもコンピューターって、どんな目的から作られたか、知ってる？

え？　そんなこと知りませんよ。僕たちって、生まれたときから家にパソコンがあった世代ですから、身近にありすぎて、目的なんて考えたこともないですね。

　コンピューターが作られたのは、「膨大なデータ処理を自動的に行ってくれる機械がほしい」という要求からです。ここでいう"データ処理"とは、画像の加工や動画の編集などではなく、算術演算のこと。与えられたデータを決められたルールで計算（加工）することを指します。

　たとえば「1＋2」という程度なら、誰でも暗算で答を出すことができます。ところがパソコンショップの店頭で、「159,800円のこのパソコンは展示品ですから10パーセント値引きします。これに21,500円のプリンターと19,800円のデジカメをセットでお買い上げいただければ、合計金額の5パーセントがポイントでキャッシュバックされます」といわれると、よほど計算が得意でない限り「はて、全部でいくらお得になるのかな？」と考えてしまいますよね。さらに「消費税は別ですから」となると、ますます計算が複雑になり、手元に電卓があっても、答えを出すまで時間が掛かってしまいます。

　個人レベルでも込み入った計算は難儀なのに、天文学や物理学などの科学分野における計算式はもっと複雑になります。こういった計算を行うために、コンピューターは誕生したのです。

　とはいえ、コンピューターと電卓では大きな違いがあります。コンピューターは「計算の手順を自分で覚えておくことができる」という特性があり、電卓よりもはるかに優秀です。

電卓で「1と2を足す」という計算をするとき、ユーザーは「1」「＋」「2」と順番にキーを押します。1と2は電卓に入力する数字ですが、「＋」は"足し算をする"という意味を持つ記号です。"1と2を足すためには、電卓に「＋」という記号を入れなくてはならない"という判断をしたのは、電卓を使っているユーザー自身です。このように電卓は、数値だけでなく"どう計算するか"までユーザーが指示してやらなければならない機械なのです。

これに対してパソコンは、いちいち"どう計算するか"をユーザーが指示する必要はありません。たとえば"Wordの画面に「あ」という文字を表示させる"という指示を出したいとき、ユーザーはキーボードから「あ」という文字を入力するだけ。パソコンは押されたキーから計算を行って、その結果として「あ」という文字を表示させます。ユーザーがパソコンに「あ」という文字を表示するために"どういった計算を行うか"まで指示することはありません。これはパソコンが「あ」を表示するための計算方法をあらかじめ知っているからなのです。

「ワープロ文書をつくる」とか「デジタル画像を加工する」といった計算の仕方を前もってパソコンに教えておけば、パソコンは私たちが入力する指示に従って処理（計算）を速やかに行います。どういった手順で計算をするのかという"計算の仕方"は、「プログラム」と呼ばれるものが指示しています。

電卓はどんなに頑張っても、入力される式の通りにしか計算はできません。しかしパソコンは、プログラムを変えることでさまざまな働きをします。これが電卓とパソコンの大きな違いなのです。

なるほど〜。パソコンは電卓よりも、ず〜っと賢い機械なんですね。

そう。私たちよりも、ず〜っと賢いかもしれない。でも、機械だから命令された以外のことはできないの。私たちが間違ったことをしても、止めてはくれないし、修正もしてはくれないってことは忘れないでね。

column
世界最初のコンピューター

世界最初のコンピューター『ENIAC（エニアック）』（世界初であるか否かは所説いろいろですが）は、1946年にアメリカのペンシルバニア大学で完成しました。これは米軍によって「ミサイルの弾道計算のために開発された」といわれています。

空中に弧を描いて飛ぶ対地ミサイルの弾道計算は、複雑な計算が必要です。その上、軍事目的なだけに正確さと迅速さは必須です。こういうニーズのもとで生まれてきたコンピューターが、改良に改良を重ねられて現在のパソコンに至るわけです。
　とっても優秀な計算機としてスタートしたパソコンが、今や文字や画像、音声に動画と、さまざまなデータを扱う機械へと発展し、仕事の道具（ツール）として欠かせない存在となり、多くの職場で活用されているのです。
　ちなみに、ENIACは幅24m（！）、高さ2.5m、奥行き0.9m、総重量30トン（ドーン！）もの大きさでした。これがどんなものだったかは、ぜひ画像をWebで検索して見てみてください。

パソコンはさわれるもの（ハードウェア）と、さわれないもの（ソフトウェア）でできている

　パソコンは、どんなもので成り立っているのでしょうか？　そこから話をはじめてみましょう。
　パソコンは人が手でさわれる「ハードウェア（Hard Ware）」と、さわれない「ソフトウェア（Soft Ware）」という、2つの要素があります。
　ハードウェアとは、パソコン本体、ディスプレイ、マウス、キーボードやプリンターなどの周辺機器を指します。いずれも私たちが目で見て手でさわれる、実体があるものです。ハードウェアには「金物」という意味があり、"金物のケースに入れられたパーツ（部品）の集まり"ということで、かつてはパソコンそのものをハードウェアと呼んでいた時期もありました。
　一方ソフトウェアは、パソコンを動かすための"手順を示すもの"であり、物理的な形はなく、私たちが見ることはできません。手順はコンピューターが理解できる形になっており、パソコンの内部で動きます。

パソコンといえば、ハードウェアに目が行きがちかも。でも、ここでソフトウェアの存在を理解していないと、いつまでも初心者レベルから抜け出せないからね。

ソフトウェアって「何が柔らかいんだろう？」って思っちゃいますが、ソコじゃないんですよね。目に見えないで、しかも手順を示すものって……。う〜ん、イメージするのが難しいです。

　では、車にたとえて説明しましょう。

車は手でさわれますので、ハードウェアです。どんなに高級車でも、車だけでは1ミリも動きません。そこへ運転手がやってきて、エンジンをかけて車をスタートさせました。つまり車は、運転手が乗り込むことで「目的地まで移動する」という役目を果たすことができるのです。==運転手が持っている運転技術は、人の目で見ることはできません。この運転技術がソフトウェア==にあたります。

こう説明すると、「運転手だって目に見えるじゃないか」と思うかもしれませんね。**運転手は運転技術を記憶しているメディアに相当**します。DVD-ROMやUSBメモリーなどにあたる"記憶媒体"なのです。

車は運転手がいなければ、何の役にも立ちません。また運転手も車がなければ、せっかくの技術を活かすことはできません。同じように、パソコンも本体だけでは、ただの鉄の箱です。そしてソフトウェアも、パソコンがなければ何の処理も行えない存在です。

つまりパソコンには、目的に応じたソフトウェアが必ず必要なのです。ちなみに、仕事でお馴染みのWordやExcelなどは、みなソフトウェアの一種です。

 なるほど！ 確かに運転手の持つ運転技術は目に見えないけれど、車にとっては絶対に必要なものですよね。

 そう。運転手のいない車と同じで、ソフトウェアがなければパソコンは単なる機械の箱でしかないってこと。これは押さえておこうね。

さわれるものと、さわれないものの間を取り持つOS

　WordやExcelなど、仕事でよく使っているアプリケーションソフトの名前が出てきたところで、もう一つ、重要なソフトウェアのお話をします。
　ソフトウェアは「**システムソフトウェア**」と「**アプリケーションソフトウェア**」の2つに分けられます。システムソフトウェアは、どんなパソコンにも入っているものですが、ユーザーには意外と意識されていないものです。
　パソコンは計算の手順を覚える優れものですが、その手順は膨大な数があり、それを効率良くさばく必要があります。またパソコン自体は複数の部品で構成されており、それらを利用するための管理も行わなくてはなりません。こういった基本となる部分だけを担当するのが、システムウェアの中の基本ソフトウェアである「**OS**（オーエス）」です。

OSって、たまに聞くんだけど、よくわからないんですよ。わからなくてもパソコンを使えているから、あんまり大事じゃないのかな？

それは間違い。OSは誰もがメチャクチャお世話になっている、ものすごく大切なものだからね。「なぜOSができたのか」から見ていけば、ちゃんと理解できるから、ちょっと昔を振り返ってみよう。

　今ではなくてはならないOSですが、当初コンピューターには、OSが存在していませんでした。コンピューターを動かすためには、処理を行うプログラムを「マシン語」という機械語で記述しておき、それを「オペレーター」と呼ばれる専門家がスイッチで入力して動作させていたのです。どんなプログラムも、まずコンピューターそのものを動かす部分から作っていましたので、たいへん手間の掛かるものでした。
　そこで、どのプログラムでも共通する「プログラムをメモリーに読み込んで実行する」という機能を持つ『ディスプレイ・プログラム』が開発されました。これがOSの原型です。その後「キーボードから文字を入力する」といった入力、「プリンターを使って印刷する」といった出力など、さらに複数の部分的な機能が追加されていき、ハードウェアやソフトウェアの制御をする制御プロセッサー、言語プロセッサー、ユーティリティツールなどをもった初期のOSが誕生したのです。

OSの誕生は、プログラム開発者、パソコンユーザーの双方に恩恵をもたらしました。

プログラム開発者は、アプリケーションソフトを開発するときにゼロの状態からスタートすることがなくなりました。ソフトの起動などの基本的な部分はOSに任せて、目的とする処理機能だけを持つプログラムを作ればよい、といった環境になったのです。

ユーザーには、操作が簡単になったというメリットが生じました。かつてコンピューターは、マシン語を打ち込んだ命令カードを読み取り装置にセットしなくては操作できませんでした。この装置は誰にでも扱えるものではなく、そのためコンピューターは一部の限られた専門家のみが利用するものでした。そういった面倒な操作をOSが引き受けてくれた上に、すべてのアプリケーションソフトにおける操作性もOSによって統一されたのです。

Windowsに付属している『メモ帳』や『ペイント』をはじめとする、さまざまなアプリケーションソフトを見比べても、「ファイル」メニューはウィンドウの左上にあります。またウィンドウを閉じたり、最大化、最小化するボタンは右上です。このように<u>アプリケーションソフト自体は異なるものであっても、同じOS上で動作するものは、いずれもOSの機能を基盤として利用していますので、操作性は同一</u>なのです。

もしもOSがなければ、どうでしょう？「ファイル」メニューをウィンドウの右下に付けるなど、プログラム開発者が自分の好みで基本となるメニューを配置してしまったら、ユーザーは使うソフトごとに操作を覚えなくてはなりません。また複数のアプリケーションソフトを並行して使うとき、メニューを選ぶといった基本的な導線が異なっているようでは、効率良く作業することは難しくなります。

仕事では、さまざまな種類のアプリケーションソフトを使う機会が多いものですが、いずれもOSの機能を利用して開発されているからこそ、操作性の統一が実現しているのです。

OSがなかった時代のコンピューターを動かすのはすっごく大変だったんですね。

どのアプリケーションソフトでも同じように操作できるのもOSのおかげってわけ。まさに「縁の下の力持ち」ってとこだね。

column ソフトウェア、プログラム、アプリケーションソフトの違いとは

パソコンに関する解説を読んでいると、「ソフトウェア」「プログラム」「アプリケーションソフト」という用語が出てきます。どれも似たような場面で出てきますので、違いがわかりにくいですよね。

まず「プログラム (program)」は、ソフトウェアの別名で、語源は「前もって書いて告知する」というギリシア語です。運動会や講演会のプログラムと同じで、「次はこれをして、その次はこれね」という具合に、事前にコンピューターに渡す指示書のようなものです。

ソフトウェアとプログラムは同じものですが、アプリケーションソフトは別物です。前述のように、アプリケーションソフトはソフトウェアの一種であり、OS上で動くものです。OSが"基本ソフト"と呼ばれるのに対して、アプリケーションソフトは"応用ソフト"とも呼ばれます。これは「apply」に「応用する、適用する」という意味があり、「アプリケーション (application)」はその名詞形です。

パソコンは「Windows」のことではない

基本ソフトウェアであるOSは「Operation System」の略称で、複数の種類があります。なかでも有名なのがMicrosoft社の『Windows』シリーズです。

現在ビジネスの場では、Windowsがインストールされたパソコンが最もよく使われており、「パソコンといえばWindows」といっても過言ではありません。そのため初心者は、パソコン＝Windowsと間違った認識を持ってしまいがちです。WindowsがOSの名称で、OSはソフトウェアの一種であると知れば、パソコンというハードウェアと"イコール"ではないことが理解できるでしょう。

実は……、Windowsってパソコンのことだと思っていました！ あ〜恥ずかしいっ。

Windowsとパソコンの区別がついていない人って、結構多いと聞いていたけど、まさか、うちの会社にもいたなんて！ この機会に、OSとしてのWindowsをしっかり理解してね。

Windowsがここまでビジネスの場で普及したのは、(Microsoft社の企業的な戦略はともかく) OSとして優秀だからです。そういわれると「どこが優秀なのか？」と思う人がいるかもしれませんね。優秀たるゆえんを少しだけ紹介しましょう。

パソコンは複数の部品で構成されていますが、それらを使用する権利（これを「リソース」と呼びます）を管理するのがOSの仕事です。マウスやキーボードはパソコン1台につき1つしかありませんので、複数のアプリケーションソフトで分け合って使います。Wordで文書を入力しながら、Excelを立ち上げてグラフも作成するというとき、ウィンドウの切り替えや文字入力にストレスを感じることはないでしょう。ユーザーの指示通りに動くように、OSがしっかり管理をしているからです。

　劇場にたとえるなら、<u>OSは裏方スタッフのようなもの</u>です。舞台の幕が開く前に、大道具や小道具を運び込んで準備を整えます。アプリケーションソフトという役者が演技をはじめると、背景を変えたり、効果音を流したりといった演出を行って演目がスムーズに進むようにし、演技が終わった後、観客であるユーザーに満足感を与えます。開幕から終幕まで、観客は裏方スタッフの存在に気づくことはありません。もし裏方スタッフのミスで、変なところで異音が入ったりすると、舞台はメチャクチャ。観客はブーイングで抗議することになるでしょう。

　パソコンを操作するとき、「Wordを使っている」という人はいても、「WordとWindowsを使っている」という人はいません。それだけWindowsは、ユーザーに"動いている"と感じさせない優秀なOS、というわけです。

column Windows以外のOS『MacOS』

　OSはWindows以外にも、複数の種類があります。なかでもデザイン系の会社や学校では、Apple社のOSである『MacOS』を搭載したパソコン『Mac（正式名称はMacintosh）』がよく使われています。MacOSはかつてWindowsと激しいシェア争いをしたほどの優秀なOSですが、現在では圧倒的に少数派です。

　会社によっては、WindowsパソコンとMacを併用したり、Macユーザーとファイルのやりとりを行うこともあるでしょう。一昔前に比べると、WindowsとMacOSの親和性は高くなっており、ファイルの共有もやりやすくはなっています。とはいえ、両者は異なるOSですので、使用できるアプリケーションソフトなどいろいろな違いがあり、一筋縄でいかない問題もまだまだあるのが現状です。

　第三者とファイル交換がうまくいかないとき、使用しているOSが異なることが原因であるなら、どちらか一方のOSに環境をそろえるほうがスピーディに問題を解決できます。

　なお、本書ではビジネスシーンで最もよく使われているパソコンに焦点を当てていますので、OSはWindowsに限定し、MacOSについては触れていません。

なぜWindowsにいろいろなバージョンがあるの？

　パソコンになくてはならないOSの一種としてWindowsを意識すると、Windowsのバージョンが気になります。あなたがオフィスで使っているWindowsは、何ですか？ 本書執筆時点（2017年2月現在）では、「Windows7ですね」「うちはWindows8.1だよ」「あれ、Windows10だけど、ほかにもあるの？」と、さまざまな声が聞かれます。

　Windowsの後ろについている文字や数字がバージョンを示しているわけですが、なぜWindowsには複数のバージョンがあるのでしょうか？

そうそう、僕が学生の頃は『Windows XP』ばかりだったのに、最近は『Windows10』が主流で、これってどういうことなのか、全然わかっていないですよ。

Windowsって進化し続けてきているの。この"進化"の部分から見ていくとわかりやすいからね。

　ちょっと話がハードウェアのことに戻りますが、パソコンを構成している部品（パーツ）について説明します。

パソコンは複数のパーツによって成り立っており、なかでも頭脳ともいえる中央演算処理装置の「CPU」、プログラムやデータを記憶する「メモリー」、ファイルを保存する「ハードディスク※註」の3つはなくてはならないもの、いわば"三種の神器"です。日ごろはケース(筐体)に中にあるので、私たちが目にすることはありませんが、この3つの部品の性能によってパソコンの能力が決まります。

> ※註：パソコンには必ず記憶装置が搭載されており、かつてはハードディスクが主流でした。最近ではハードディスクではなくSSDを搭載しているタイプが増えつつありますが、本書では理解しやすいように「ハードディスク」のみで説明しています。

ここで注目すべき部品がCPUです。なぜなら、Microsoft社が作るOS(つまりはWindows)はインテル社製のCPU向けであることが基本だからです。

CPUとは「Central Processing Unit」の略称で、「プロセッサー」とも呼ばれます。1981年、パソコンの元祖であるIBMの『IBM-PC』に搭載されたCPUは、インテル社の『8088(数字の羅列ですが、これがCPUの名前だったのです)』でした。このCPUは一度に処理できるデータが8ビットで、使用可能なメモリーは1MBと、ほんのわずかでした。1982年には使用可能なメモリーを16MBまで増やした『80286』、1985年には32ビットのデータを処理し、使用可能なメモリーを4GBまで上げた『80386』が登場(数字で説明されても「？」と思うでしょうが、簡単にいえば「CPUが一度に計算できるものが増えていった」ということ)して、これに対応したOSとして『Windows95』が開発されたのです。

つまり、CPUがまず進化をして、その能力を活用するOSが作られるのです。次々に新しいバージョンのWindowsが発売となるため、まるでWindowsが成長しているように見えますが、実はCPUの技術が進化し続けており、それに応じてWindowsの性能がアップして、新バージョンが登場してきたのです。

CPUの進化あってこそのWindowsの進化。単にパソコンを使うだけの人には意識されない部分だけど、マニアックな人間にはたまらないロマンなのよね〜。IA-32アーキテクチャーを考え出した人は、天才だわ…。

うわっ、なんですが、それ？ 今、聞いたこともない単語がでてきましたよ？

あ、ごめん〜。この辺は詳しく知らなくても大丈夫(興味が出てきたら、CPUの歴史をWebで調べてみて！)。話をWindowsのことに戻すね。

日本でWindowsがメジャーになったのが、前述の1995年に発売された『Winodws95』です。それ以降の名称は、Windowsの後ろにリリースされた時期を示す数字である、95、98、2000そしてミレニアムを示すMeが続きました。
　2001年には、『WindowsXP』が登場。XPは「経験、体験」を意味する「eXPerience（なぜか「xp」だけ大文字にして目立たせる）」が語源となっています。2006年にリリースされた『Vista』は、イタリア語では「光景」、英語では「眺望、展望」という意味があります。Microsoft社によると「混乱を解消し、あふれる情報を整理し、未来を垣間見せる」という意味を込めたとか。余談ですが、リリース当時、VistaとはWindowsが抱える5つの問題——Virses（ウイルス）、Infection（感染）、Spyware（スパイウェア）、Trojans（トロイの木馬）、Adware（アドウェア）の頭文字を組み合わせたもの、との指摘がありました（かなりの皮肉ですね）。
　こういった風刺を意識したわけではないでしょうが、2009年にリリースされた『Winodws7』の「7」は、「第7世代のWindows」という意味です。

　ここで急に"世代"といわれても、なんだかピンときませんよね。Windowsの最初のバージョンは、1985年にアメリカで発売された『Windows1.0』です。Windowsの歴史をまとめると、以下のようになります。

第1世代	1985年	Windows1.0
第2世代	1987年	Windows2.0
第3世代	1990年	Windows3.0
	1992年	Windows3.1
第4世代	1995年	Windows95
	1998年	Windows98
	2000年	WindowsMe
第5世代	2001年	WindowsXP
第6世代	2007年	WindowsVista
第7世代	2009年	Windows7

　第1世代から第3世代まではバージョンナンバーで世代が異なることがわかりますが、95、98、Meが同じ第4世代とみなされるのは、内部カーネル（OSの核となる部分）のバージョンが同じだからです。
　Windowsは世代ごとに根底となる内部カーネルが異なります。具体的に紹介すると、95/98/Meはバージョン4.0、WindowsXPではNT系5.1、VistaはNT系6.0、7はNT系6.1です。2012年に発売された『Windows8.0』はNT系6.2、2013年に提供を開始された『Windows8.1』はNT6.3です。そして2015年にリリースされた

『Windows10』は、いきなりNT系10.0となっています。6.3から10.0へと数字が大幅にアップしていますが、これはMicrosoft社がWindowsの名称とカーネルのバージョンが異なることによる紛らわしさを一気に解消にかかったものと思われます（正式リリース前のベータ版では6.4と表記されていました）。

なお、カーネルバージョンの数字については、ユーザーが特に神経質になる必要はありません。「こんな風に進化してきたんだな」というイメージだけはつかんでください。

Windowsが常に最新の状態で使えるようになるということ

長いWindowsの歴史の中で、Windows8/8.1と10は、パソコンおよびタブレット向けのOSです。また10では、「Windows as a Service」という理念が導入されています。

Windows10で導入されたこの理念によって、今後のWindowsの歴史は大きく変わってくるの。しっかり覚えておこうね。

「ういんどうず・あず・あ・さーびす」って、聞いたことないし、なんかピンとこないですよ。具体的には、どういうことなんですか？

これまで新しいWindowsが登場すると、ユーザーはパッケージ商品もしくはダウンロード版をわざわざ購入して、自分のパソコンにインストールする必要がありました。

新Windowsが持つ新たな機能を利用するためには、この作業と投資は避けては通れないこと。とはいえ、すぐさま旧バージョンのWindowsが使えなくなるわけではありません。そのWindowsをMicrosoft社がサポートし続ける期間は、使い続けても何の問題もないのです。

どのタイミングで新Windowsに切り替えるか——。新バージョンが登場するたびに、ユーザーは判断に悩むことになります。これが会社単位となると、アップグレードするためのOSの代金に加え、新Windowsの動作条件に合うパソコン本体の用意が必要となり、かなりの経費が掛かってくることになります。パソコン環境を整えるための予算を取るにしても、どのタイミングで行うのがベストであるかを見極めるのは、非常に難しい問題です。

一方、Microsoft社側から見ると、新Windowsを開発するとき、旧Windowsで利用できていた周辺機器やアプリケーションソフトも、引き続き動作する「互換モード」を常に用意する必要性がありました。もし新Windowsに互換モードがなければ、ユーザーがそれまで利用していたプリンター、WordやExcelなどの古いバージョンのアプリケーションソフトが使えないことになります。それでは誰も、新Windowsを購入してくれないでしょう。この互換モードを引き継ぎながら、新しい機能を持つOSを開発しなくてはならないという点は、Microsoft社にとっては頭の痛い大きな課題でした。

　こういった背景があるなか、Windows10に導入されたWindows as a Serviceのコンセプトは、「デバイスのサポート寿命まで、それを常に最新の状態で使えるようにアップデートし、機能を提供し続ける」というもの。Windows8.1以前のようにメジャーリリースによる製品提供ではなく、ひとたびWindows10となったパソコンやタブレットなどは、本体が壊れるまで最新のOSが使える、という意味です。ちょうどスマートフォンのiPhone搭載のOSである『iOS』が、所有しているiPhoneにおいては、新しいバージョンが登場するたびに無料でアップデートできるのと同じような提供の仕方です。

　なお、Windows10はリリース後の最初の1年間、Windows7/8/8.1ユーザーには無料アップグレードを行いました。Windows10にアップグレードしておけば、今後はパソコンが機械的に壊れるまで、OSのバージョンアップに費用も手間も掛からないことになります。

　Microsoft社によれば「Windowsはサービスになる」とのこと。将来的にはOS名のWindowsだけが残り、バージョンを示す名称を持つものは存在しなくなるかもしれません。

column CPUって、こんなもの

　　パソコンの性能に興味がある人には、CPUは見逃せないパーツです。歴史や仕組みの説明を始めるとページがいくらあっても足りませんので、ごくごく簡単に紹介しましょう。

　CPUの内部は複数のユニットに分かれており、それぞれが役割を持っています。外部からの指令を「読み込む（フェッチ）」、読み込んだ命令を「解読する（デコード）」、解読された命令を「実行する（エグゼキュート）」、そして結果を出します。この一連の動きが「1サイクル」となっており、常に一定のテンポで動作しています。このテンポを数値で表したものが「動作クロック」で、数値が大きいほどデータの処理が速くなるのです。

　なんだか難しそうな話ですが、単純にいえば、CPUは「いち、に、さん、し」と一定のテンポで体操をしているようなもの。このテンポが速ければ速いほど優秀だ、というイメージです。

　以前はクロック数を見れば、CPUの能力は判断できていたのですが、最近は動作クロック数の向上は頭打ちとなり、中心部である「コア」の数を増やすことで性能アップを実現しています。ざっくりなたとえですが、一人があまり速く体操をすると、熱くなりすぎて熱暴走をしやすいため、体操する人の数を増やして高速化を進めている、ということなのです。

　ちなみに、コアが2つあるCPUを「デュアルコア」、4つを「クアッドコア」、6つを「ヘキサコア」、8つを「オクタコア」と呼びます。

　CPUの種類は大きく分けると、「インテル系」と「AMD（エーエムデー）系」の2種類があります。知名度の高いインテル社製のブランド名には『Pentium（ペンティアム）』『Celeron（セレロン）』『Core 2 Duo（コアツーデュオ）』『Core i（コアアイ）』シリーズがあり、これらのCPUを搭載したパソコンは、本体などに「Intel」のロゴを記載した青いシールが貼られています。一方、AMD社製は『Athlon（アセロン）』『Dulon（デュロン）』『Sempron（センプロン）』『Turion（テュリオン）』などがあります。

　CPUの性能がパソコンの能力（および値段）を決定する大きな要因になるだけに、CPU選びも慎重になるべきです。とはいえ、ビジネス系のアプリケーションソフトを動作させる程度であれば、最高ランクのCPUを選ぶ必要はありません。高速な処理が必要なのは、動画編集や画像処理を行ったり、3Dゲームを楽しむ場合などに限定されます。

使っているパソコンのスペックを確認しよう

パソコンを構成しているCPU、メモリー、ハードディスク。そしてOSであるWindowsのバージョン。今、使っているパソコンの**スペック**(性能)を、ちゃんと把握していますか？

全然、把握していません！

ま、そうだと思った。自分の使っているパソコンの性能くらいは、把握しておいてね。そうしないとトラブルが起きたとき、スペック不足かどうかの判断すらできないからね。

パソコンのスペックは、操作しているときには気にする必要のないものですので、案外知らないまま使っている人もいるかもしれません。自分で購入したパソコンなら、ショップで商品カタログをもらったり、梱包していた箱にスペックが記載されているのを見て把握していたけれど、会社から支給されたパソコンは、どこでスペックを確認したらよいのかわからなかった、という人もいるでしょう。

この機会に、パソコンのスペックを確認してみましょう。Windows10の場合は、確認方法が2つありますので、それぞれ手順を紹介します。

■ [設定] 画面でパソコンのスペックを確認する

① [スタート] メニューにある ⚙ [設定] ボタンを押し、[システム] を選択します。
② 画面左下の [バージョン情報] をクリックすると、Windowsのバージョン、搭載しているメモリーの容量、CPUの名前などが表示されます。

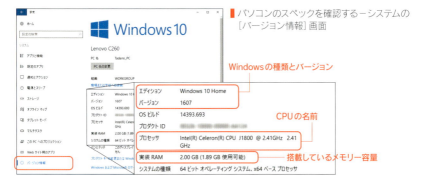
▶パソコンのスペックを確認する－システムの [バージョン情報] 画面

③同じ画面の左側にある[ストレージ]をクリックすると、搭載しているハードディスクの容量と使用量が棒グラフで表示されます。

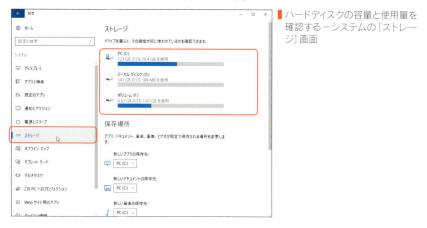
ハードディスクの容量と使用量を確認する－システムの[ストレージ]画面

■「コントロールパネル」でパソコンのスペックを確認する

① [スタート]メニューを右クリックして、クイックアクセスメニューを開き[コントロールパネル]を選択します。
② [システムとセキュリティ]をクリックして、[システム]を選択します。Windowsの種類、搭載しているメモリーの容量、CPUの名前などが表示されます。

パソコンのスペックを確認する－コントロールパネルの[システム]画面

ハードディスクの状況を確認する

①ハードディスクはエクスプローラーで確認できます。タスクバーのフォルダーのアイコンをクリックしてエクスプローラーを開き、画面左で［PC］をクリックします。

②［デバイスとドライブ］に搭載しているハードディスクの容量と使用量が棒グラフで表示されます。

　［設定］画面とは異なり、ここに表示されるドライブ名を右クリックして［プロパティ］を選択すると、より詳細なハードディスクの使用容量が確認できたり、「ディスクのクリーンアップ」（参照 P.231）を実行したり、ディスクを圧縮するなどの機能を利用できます。

■ハードディスクの容量と使用量を確認する

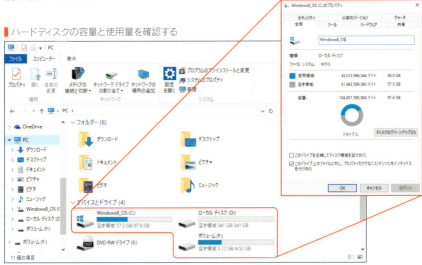

ドライブ名を右クリックして［プロパティ］を選択すると、より詳細な情報や機能の実行ができる

column
Windows10のエディションとシステムの種類

　Windows10のバージョン情報には、いろいろな項目がありますが、今一つ意味がわからない……、という感じはありませんか？　このなかで注目したいのが、「エディション」と「システムの種類」です。

　「**エディション**（edition）」には、出版物でいう"版"という意味があります。たとえば初版、第3版とか、簡易版といったものにあたります。ソフトウェアの世界でいえば、同じパッケージ商品だけど付属している機能が少しずつ異なっている、ということになります。Windows10の場合は7種類のエディションがあり、

パソコン用であれば主に一般個人向けで基本機能を備えた『Windows10 Home』、基本機能に加えて暗号化や仮想マシンの作成など高度な設定ができ、ビジネスソリューション向けの『Windows10 Pro』、企業用ですべての機能を搭載し、ボリュームライセンス契約を結ぶ必要のある『Windows10 Enterprise』などがあります。

「システムの種類」には「64ビットオペレーティングシステム」と「32ビットオペレーティングシステム」の2種類があります。これはWindowsのアーキテクチャーが32ビット対応なのか、64ビット対応なのかを示しているのですが、その違いを簡単にいえば、一度に処理できる能力の差にあります。32ビットなら2の32乗、64ビットなら2の64乗の情報を一度に処理できるのです。

パソコンが32ビット対応か、64ビット対応かによって、アプリケーションソフトやデバイスドライバーが異なることがあります。自分のパソコンがどちらに対応しているかは、必ず知っておかないと、異なる対応のものをインストールしても動きませんので要注意です。

また、32ビット対応では、搭載できるメモリーの容量が4GBまで（実際には3.5GB程度しか認識されません）という制限もあります。64ビット対応では、Windows10 Homeなら128GB、Windows10 ProおよびWindows10 Enterpriseで2TBが認識されるメモリーの最大値ですが、実際にはマザーボードの性能に左右されます。現状では、8GBのメモリーを搭載しておけば十分でしょう。

使ってもよいWindowsと悪いWindowsがあるのはなぜ？

読者のみなさんのまわりに、まだWindowsXPを使い続けている人はいませんか？ もし見かけたら、すぐに「使ってはダメ！」と止めてください。あなた自身が使っているのなら、とりあえずインターネット回線を切断（LANケーブルを引っこ抜いてください！）してから、本書を読み進めてください。

まさか「自宅ではXPパソコンを使っている」なんてことは、ないでしょうね？

僕はないです。でも、実家の父親のパソコンは、どうだったかな？ かなり昔に買ったのを使い続けていたような？

機械的に故障していないから使い続けているってことだよね。これが一番危ないんだな〜。パソコンは、テレビや冷蔵庫といった家電製品とは違う、ってことを忘れちゃダメだよ。

なぜ、WindowsXPを使うのをただちにやめないとダメなのか？　その理由をお話ししましょう。
　Windowsには食品でいうところの"賞味期限"のようなものがあり、定められた期日以降は、使えないわけではないけれど、使うと味が落ちている……のではなく、大変な事態を招く危険性がつきまといます。
　Microsoft社は自社製品のすべてにサポート期間、つまり「使用可能な期間」を設けています。OSであるWindowsも当然該当しますので、使用可能な期間を過ぎたものは、使ってはいけません。

　まずは、使用可能な期間について説明します。Microsoft社による『メインストリームポリシー』では、コンシューマー製品向けのサポートライフサイクルを「製品発売日より最短でも5年間、あるいは次期製品の発売より2年間のどちらか長いほうの期間」と謳っています。さらにビジネス向け製品にのみ、メインストリームサポート終了後に、主に有料のサポートとセキュリティ更新プログラムを提供する「延長サポート」を加えて、10年間はサポートの提供をするとしています。
　この"サポート"とは、具体的にはWindowsにセキュリティ上、問題のある部分やプログラムとして欠陥が見つかると『Windows Update』を介して無料で修正プログラムを配布するというもの。これを受けることによって、ユーザーは常に最新の状態でWindowsを利用できるわけです。
　サポートがなくなると、どうでしょう？　もしもセキュリティの甘い脆弱な部分が見つかっても修正されませんので、ウイルスの侵入や外部から攻撃を受ける危険性が出てきます。ウイルス対策ソフトでもサポート切れとなったWindowsをカバーすることはできません。結果、非常に危険な状態で、パソコンを使い続けることになってしまいます。

　冒頭にWindowsXPの名前を出しましたが、これはXPが2001年から2014年までと長きにわたって利用されていたバージョンのため、サポート期間を気にせず使ってきたユーザーが非常に多いからです。もしかしたら、XPのサポートが切れたことを知らずに、今も使い続けている人がまだいるかもしれません。
　XPがこんなに長く使われ続けたのは、理由があります。前述のメインストリームポリシーは、実は目安でしかありません。Microsoft社は利用者がどの程度いるかを考慮しながら提供期間を流動的に決めているため、必ずしもポリシー通りではないのです。特に安定性が高く、多くのユーザーがいたXPは、異例とも思える措

置が行われてきました。

　会社や学校、個人宅でもよく使われたXPは、今では"サポートが終了"して使ってはいけないOSです。といっても、XP搭載のパソコンが、期間終了日以降に動かなくなる、ということはありません。機械的な故障がない限り、今でも普通に動きます。でもその状態に甘んじて使い続けてしまうと、非常に危険なのです。

　パソコンを仕事の道具として活用することは、もはや当然のこととなっている現在、セキュリティ対策はビジネスパーソンとして必須のこと。もし十分な対策をせず、周囲の人を巻き込むトラブルを起こしてしまったら大問題になりかねません。

うわ……。今夜実家に電話して、親父にパソコンは最新のものに買い直すように言わなくっちゃ。

パソコンは「壊れていないから使い続ける」は通用しないってこと。でもWindows10以降は、状況が変わってくることも覚えておいてね。

　Microsoft社がWindows10からWindows as a Serviceの導入に踏み切った要因のひとつは、サポートが切れたWindowsがいつまでも使われることを回避する点にもあるのでしょう。

　なお、本書執筆時点(2017年2月現在)、利用してもよいのはWindowsVista、7、8/8.1、10です。ちなみにVistaの延長サポートは2017年4月11日まで、7の延長サポートは2020年1月14日まで(Vista、7ともにメインストリームサポートはすでに終了しています)、8/8.1のメインストリームサポートは2018年1月9日まで、延長サポートは2023年1月10日までです。各Windowsのサポート終了日についてはマイクロソフト社のサイトをご覧ください(http://www.microsoft.com/ja-jp/windows/lifecycle/eos/consumer/default.aspx)。

仕事で使うパソコンは、最新バージョンがベスト？

　職場にあるパソコンのWindowsのバージョンは、いずれもがWindows10だとは限りません。XPのサポートが終了する直前にアップグレードしたところはWindows7が大半ですし、営業などで外回りが多い職場では、8/8.1を搭載しているモバイルパソコンを使っているところもあるかもしれません。

一般的にいえば、最新のWindowsを選択することは間違いではないのだけど、職場によってパソコン環境が異なる点には注意が必要ね。

　前述のようにMicrosoft社は、今後新たなナンバリングは行わず、Windows10を基盤にして更新プログラムを提供することで、ユーザーには"常に最新のWindowsを使ってもらう"という意図です。この情報からすると、Windows7や8/8.1を使っている人は、さっさと10にアップグレードするべき――ですが、職場のパソコンを勝手に10にアップグレードするのは、ちょっと待った！
　会社の方針で使用するWindowsのバージョンを統一している場合は、==自己判断でのアップグレードはNG==です。なぜなら、Windowsのバージョンが変わることで、業務に支障が出る可能性があるからです。

　たとえば自社ツールをWindows7向けに開発して、社員全員が使用している場合は、そのツールが10の環境では動作しないかもしれません。自社ツールが作成された当時には存在していなかった10上での動作は、いくら互換モードがあっても100パーセント大丈夫とはいい切れません。仮に動いたとしても、一部の機能が使えないなど何らかの問題があれば業務に差し支えます。
　そうなると10から7へダウングレードしなくては、問題は解決しません。OSの入れ替えは、それなりに時間の掛かる作業です。わざわざ業務を停滞させるなんて、もってのほか。==職場のパソコンが7や8/8.1なら、10にアップグレードしてもよいかを必ず社内で確認==してから行うようにしてください。

そうか。だから取引先でもWindows7を使っている会社があるんだな。景気が良さそうな会社なのに古いバージョンのままなんて、変だと思ってたけど、そういうことがあるのか〜。

なお、自社ツールや独自のネットワーク環境がなく、どのバージョンのWindowsを使ってもよい職場、もしくは個人で所有しているパソコンは、Windows10を導入するべきか悩むところですよね。7、8/8.1、10を比べて「一番使いやすいのはどれか？」といわれても、人によって意見が分かれるところです。

ですが、あえていいます。本書を手にしたこの機会に、==10にアップグレードして最新Windowsの環境を整えましょう==。10の特色は、7と8/8.1の"いいトコどり"といわれているだけに、デスクトップのデザイン、スタートメニューの使い方など、旧バージョンと比べると通常操作の部分にいくつもの変更が見られます。そのため10にアップグレードした途端に、操作の部分で戸惑ってしまうかもしれません。

とはいえ、今後は10をベースとしてWindowsは進化していきますので、早めに操作に慣れておいて損はないでしょう。さらに効率的な使い方をいち早くマスターしておけば、まさに鬼に金棒です。

10にアップグレードする際、注意しておきたいことは、==旧Windows対応のアプリケーションソフトが10の環境で動作するか。使用していた周辺機器が10でも問題なく使えるか==（使えないときは、10対応のデバイスドライバーの配布があるか）、という点です。いずれもメーカーのサイトに対応状況を公開しているはずですので、事前に確認しておきましょう。

もうひとつ、10にアップグレードを推奨する理由は、==旧バージョンで動いているパソコンならたいてい対応できるため、導入しやすい==点にもあります。

これまで新しいWindowsが登場すると、必要とされるシステム条件が高くて、以前から使っていたパソコンでは動作が重くなったり、アップグレード自体ができないこともありました。しかし10はパソコンだけでなく、タブレットやスマートフォンなどのデバイスを包括するOSですので、システム要件はさほど高くありません。7以降のWindowsが動作しているパソコンなら、10にアップグレードしても、まず問題はないでしょう。

さわれないものを扱って仕事をするとは

パソコン本体は目で見て、手でさわることができます。けれどもWindowsや

Wordといったソフトウェア、作成したファイルはさわることはできません。インターネットを経由して得たホームページの内容も、ブラウザーに読み込まれて表示はされますが、直にさわることはありません。

この"さわれないもの"を仕事に活用していくことになるわけですが、この意味について考えてみましょう。

ソフトウェアは人がさわれないものだけど、コンピューターはしっかり理解できるの。それはソフトウェアが「ファイル」で構成されているからなんだよ。

その「ファイル」っていうものが、わかるようでわからないんです。学生時代に友だちに質問したら、「ファイルはファイルだろ」っていわれちゃって、あ〜そうなんだ〜と流しちゃってました。

まずは「ファイルとはなにか」という点から入っていきましょう。日常生活のなかで単にファイルといえば、文房具店で売っている"書類とじ"のこと。一枚一枚の書類がバラバラにならないように順番通りに並べて、しっかりととじることができます。実はパソコンのファイルも同様で、あるものをしっかりとじています。

この"あるもの"とは、なんでしょう？

答えは「0」と「1」のデータです。前述したように、コンピューターはものすごく高速で優秀な計算機です。どのような計算をしているかといいますと、電圧がない状態を「0」、電圧がある状態を「1」とし、「0」か「1」の電気信号（データ）に置き換えたものを猛スピードで読み取って、プログラムが指示するとおりに瞬時に計算しています。

この「0」と「1」のデータで重要なのは、"どういった順番で並んでいるか"という点です。もし「0」と「1」の順番が入れ替わったり、別のデータが混じってしまっては、コンピューターが正しい答えを出すことができません。それを防ぐためにデータはひとつのかたまりにされ、ハードディスクなどに書き込まれます。この"データのかたまり"がファイルなのです。

パソコンで仕事をするということは、手でさわれない"ファイルを操作する"ことです。ならば、ファイルがどんなものであるかを知っておく必要がありますね。ファイルの正体や操作法については、第4章で詳しくお話しします。

なるほど〜。パソコンでいうファイルって、「0」と「1」のデータを綴じたものなんですね！

そう。では、コンピューターしか理解できないファイルが、あらゆる種類の情報として活用できる理由って、わかるかな？

「0」と「1」しかないのに、不思議です。どうしてなんですか？

「0」と「1」で表現されたものを「デジタル(digital)」と呼びます。デジタルと対極なものが「アナログ(analog)」です。言葉の意味からすると、デジタルは「離散的(断続的)」、アナログは「連続的」となります。

両者の違いを時計で説明しましょう。アナログ時計は短針が時間の経過とともに動くことで時間を示します。その様子はなだらかで連続的に変化していきます。それに対してデジタル時計は「0時00分」から「0時59分」までは、0時の部分はずっと同じなのに、1時になった途端に「1時00分」と表示されます。時間の経過と表示時間をグラフで表してみると、アナログ時計はひとつの直線になりますが、デジタル時計は階段状になります。つまりアナログ時計は連続して変化を表示し、デジタル時計は一定の間隔をおいて変化しているものを数値化しているのです。

アナログ時計のほうが真実の時刻を刻んでいるのですが、人の目には曖昧に映ります。同時にふたりの人に「今、何時ですか？」と尋ねたら、ひとりは「12時59分です」、もうひとりは「大体1時くらいですね」といった具合に異なる答えが返ってくることがあります。しかし、ふたりがデジタル時計を見たのなら、「1時です」とまったく同じ答えを返すでしょう。

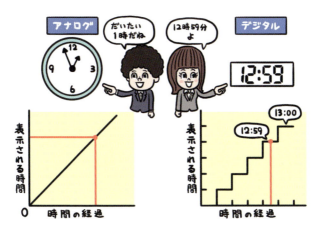

このようにデジタルは、真実をそのまま表現したものではないながらも、曖昧な部分を切り捨てて数値に置き換えているために、判断が単純です。コンピューターは数値化された「0」か「1」かの判断を繰り返すことで、複雑な情報を表現するのです。

デジタルでの表現のメリットは、==微妙な違いを人が苦労して判断する必要がないだけでなく、時間の経過や複製による劣化が起きない==点にもあります。たとえばフィルム写真はアナログな存在ですので、時間が経過すると色が変色したり、焼き増しをすると色合いが変化したりします。一方、デジカメ写真は「0」と「1」で表現されていますので、何年経っても外的な要因に影響されることはないですし、いくら複製しても「0」と「1」の並びが入れ替わることなどないので画質は変わりません。

　またアナログな存在は、特定の方法でしか扱えないというデメリットがあります。たとえばフィルム写真は"紙"としてしか扱えません。1000枚のフィルム写真を持ち歩くにしても、人に渡すために郵送するにしても、かさばって扱いづらいものです。対してデジカメ写真は、メモリーカードに保存されているものをパソコンのハードディスクにコピーしたり、DVDメディアに記録したり、さまざまな媒体に移すこともできれば、メールを使って友人に渡すことも簡単です。

こうしてアナログとの違いを見ていくと、デジタルのメリットっていろいろありますよね。

そのとおり。デジタル化されてファイルとなった情報は、一言でいえば「扱いやすい」ってこと。

　どんな情報であれ、ファイルとなったものは、==コンピューター同士でのやりとりが容易である、通信回線を使って伝送することができる、経年劣化の心配が無用、複製に強い==といった特性があります。

　こういった点は、ビジネスの場ではコストの削減や生産性の向上に直結します。たとえば、これまで見積書を客先まで持って行っていたのが、メールに添付して送信するだけとなれば、担当者が客先まで行く時間が必要なくなりますし、交通費もゼロ。メールを送るための通信費は掛かりますが、最近の通信費はずいぶん低料金になっていますので、電車賃やガソリン代に比べると格段に安くなります。

　また、作成した見積書を複製して、項目や数字など必要な箇所のみ変更すれば、別の客先用の見積書が短時間で作成できます。紙の見積書は客先の数だけ1から作成しなくてはならなかったのが、ほんの数分で複数の客先用の見積書ができ上がり、浮いた時間は別の仕事に取り組めるといった具合です。

　今や仕事で扱う情報は、手でさわれる"書類（紙）"から、さわれない"ファイル（デ

ジタルデータ）"に置き換わっています。さわれないことがビジネスを進めていくなかでは何の問題もなく、むしろメリットが多い点は誰もが実感するものです。

　だからこそ、さわれないファイルの扱い、ファイルを作成するパソコンの仕組みといった基礎知識が必要となるのです。

column
デジタルとアナログの意味

　デジタルとはラテン語の「digitusl」に由来し、「指（状）の」という意味があります。これは指を折って1つ、2つと数えるように、区切られた状態に置き換えることを指します。指を使って数を数えるとき、「指が3分の1だけ折れている」などと曖昧な数え方はしません。指は「立っているか」「折れているか」でのみカウントする、というところからきています。

　アナログ（analogue）には、"形を変化させない""相似形"という意味があり、刻一刻と過去になっていく事象そのものを指します。ちなみに事象とは、人間の五感を使って認識できるすべてのことです。

第 2 章

作業しやすい環境を整える
〜効率アップにつながるデスクトップの作り方

パソコンの仕組みを押さえたら、仕事をスタートする"基点"から見直していきましょう。どんな仕事をするにしても、基点であるデスクトップが整っていなければ、生産性の高い作業はできません。デスクトップにある、さまざまなツールを使いやすく整えていくことで、効率アップを目指しましょう。

パソコン仕事はデスクトップからはじまる

　パソコンで仕事を開始するには、まず電源ボタンをオン！　数十秒経過すると、サインイン画面が表示されます。パスワードを入力してサインインすると、ディスプレイいっぱいに広がるのは「**デスクトップ**（Desktop）」と呼ばれる表示画面です。

　なぜ、この画面をデスクトップと呼ぶのか、知ってる？

　え？　どうしてかな？　考えたこともなかったです。

　これはコンピューターを操作する画面を作業用の机にたとえた呼び名で、パソコンで仕事をするための"デスクの上"を見ている、という意味になります。

　アナログの作業机を思い浮かべてください。ペン立てやカレンダー、書類ケースなど、仕事に必要な道具入れを置き、さらに帳簿やメモ用紙などの紙を広げることもあるでしょう。パソコンも同様で、デスクトップには企画書や顧客データなどの成果物を作成するためのツール（道具）やファイルを並べておくことができます。

　デスクトップの様子は、人によって異なります。「アイコン」と呼ばれる小さな絵柄のマークが所狭しと並んでいるもの、ごみ箱のアイコンがぽつんと一つだけあるもの、画面いっぱいに子どもの写真を表示させているという人もいます。

　個人のパソコンなら、どんなデスクトップでも問題はないけれど、仕事用のパソコンとなると話は別。ビジネスの場であることを考えると、どうかな？

　そっか！　会社の机の上に、仕事に関係のない私物を置いている人っていません。それと同じで、業務に関係のないものがデスクトップに散らかっていては、仕事のジャマになりますよね。

　パソコンの操作は、常にデスクトップからスタートします。起動後、==すぐに作業に取り掛かれる体制ができているか否かで、仕事の効率に差が生じます==。その点を考慮せず、単に見栄えだけを良くしたデスクトップは、仕事向きとはいえません。

　また職場によっては、一台のパソコンを複数の社員が共有することもあるでしょう。そのときさまざまなアイコンが整理されずに何十個も並んでいては、誰もがすぐに仕事に取り掛かれません。ちょっと大袈裟ですが、パソコンを立ち上げるたびに業務の稼働率が下がってしまうことになります。

　==デスクトップのあり方は、業務を円滑に進めるために意外と重要なポイント==です。ここでは"効率アップ"を意識したデスクトップとは、どういうものかを考えてい

きましょう。

使いやすいデスクトップとは

　まずは、アナログの世界で考えてみましょう。書類や資料が山積みになってペン立てもカレンダーも書類の下に埋もれているような作業机を見ると、とても"仕事ができる"人のものではないな……と感じます。その机が複数の社員で共有するものなら、どの社員も仕事がやりやすいとは思っていないでしょう。

　仕事で使うパソコンのデスクトップは、作業をするのに効率的であることが第一条件です。となると、整理整頓ができていることは必須のことです。

　ならば、きれいに整理されつくして何もない状態のデスクトップがベストでしょうか。試しにデスクトップに何も表示させず、メニュー類も非表示にしてみます。すると、仕事を開始しようとすると「どこからクリックすればよかったのかな？」と戸惑ってしまいます。これでは仕事をするのに効率的とは、とてもいえません。

えー、こうして考えると、どんなデスクトップが一番良いのか、わからなくなっちゃいますね。

いかに迅速に、必要なツール類にアクセスできるかを考えて。仕事の効率アップのためには、使いやすさを追求しなきゃね。

■整理整頓はされているが、使いやすいとはいえない

　使いやすいデスクトップといっても、仕事のやり方や内容によってパソコンの使い方が異なるため、"コレ"といった定番はありません。そこで、Aさんが仕事のなかで失敗を繰り返しながら、たどり着いたデスクトップの使い方を紹介していきます。まずは、失敗談からです。

Aさんは"なんでもデスクトップに置く"派です。アプリケーションソフトはすぐに起動したいので、ショートカット（参照 P.047）は必ずデスクトップに表示させています。そしてファイルは作成すると、必ずデスクトップに置く（ファイルの保存場所を「デスクトップ」に指定する）という自分なりのルールで仕事をしています。

　ある日のこと。いつものように提出前の企画書の文書ファイル、アイデアを思いつくたびに書き留めるテキストファイル、先輩から渡された資料のPDFファイル、客先から掛かってきた電話のメモファイルという具合に、次々とファイルを開いたり、作成したりしていました。時間の経過とともに、いつしかデスクトップには無数のアイコンが並んでいきました。

　そんな状況のなか、ふいに上司から「〇〇からの電話、どんな話だった？」と聞かれドッキリ。デスクトップにあるアイコンの数が多すぎて、なかなか電話メモのファイルを見つけられません。あたふたしているAさんに、上司はあきれ顔。ファイルを見つけて電話の内容を伝えるまで、Aさんの背中には冷たい汗が流れていました。

　電話メモのファイルだけは見失わないように、画面の右上に置くようにして仕事を続けると、終業間際にはデスクトップは一面アイコンで埋め尽くされていました。これを整理して、重要なファイルはバックアップをとっておかないといけないのですが、もう身体も頭もクタクタ。そのままの状態で、パソコンをシャットダウンして帰社しました。翌日、Aさんは朝から前日のファイル整理に追われるという事態に陥り、その日の仕事に取り掛かるのが大幅に遅れてしまいました。

　こんな話を聞くと「複数のファイルを作成するのなら、最初から保存するフォルダーを用意して、整理整頓するよう心がけるべきだ！」と思う人もいるでしょう。Aさんも以前はそう考えて、仕事の案件ごとにフォルダーをつくり、ファイルは作成するたびに"きちんと整理して"フォルダー内に保存していました。ところが一

日の作業のなかで何度も同じファイルを開くことが多く、そのたびに複数のフォルダーを行き来したり、「あのファイルは、どこのフォルダーに入れたかな？」と探しまわりました。「ああ、めんどくさい！」と悲鳴をあげることが二度、三度と続いた末、これではムダな時間が多すぎると感じて、最終的には「その日、使うファイルは全部デスクトップにある」というルールに行き着いたのでした。

 Aさんは仕事のなかで試行錯誤を繰り返して、もっとも自分にあったデスクトップの使い方を見出した、というわけなんですね。

 でも、このルール付けだけでは、万全ではなかったそうよ。

デスクトップとはいえ、無秩序にアイコンが並べば、結局は必要なものを探さなくてはなりません。先の電話メモのファイルが埋もれてしまって、見つけるまで時間が掛かったのが、その一例です。

仕事に支障が出ない、それでいて使いやすいデスクトップを作ることは、ビジネスパーソンにとってパソコンにおけるワークスタイルの基本を整えることを意味します。職場で貸与もしくは支給されたパソコンを初期状態のまま使うのではなく、**"自分仕様"に変えていく**（これを「カスタマイズ」といいます）べきなのです。

そこで次項からは、カスタマイズに必要となる基礎知識を紹介していきます。

▎アイコンだらけのデスクトップは、決して"使いやすいデスクトップ"ではない

よく使う道具は、どこに置くのがベストなのか？

まずは、デスクトップの基本形と各ツールの名称を確認しておきましょう。Windows10のデスクトップは次ページの図のようになっています。

045

■ Windows10のデスクトップ

スタートボタン：
スタートメニュー、スタート画面を表示する

通知領域：
実行中のアプリやシステムについての情報を表示

デスクトップに表示されるツールは、ユーザーが使いやすいように設定を変更できるよ。とはいえ、ある程度の制約はあるからね。

たとえば［スタート］ボタンを画面の真ん中に置くことはできない、とかですよね。

［スタート］ボタンを真ん中に置きたい、っていう発想はぶっとび過ぎだけど、そのとおりよ。制約の中で、自分が使いやすい配置を決めていってね。

　仕事をはじめるとき、真っ先に行うのがアプリケーションソフトを起動して、ファイルを「開く」こと。この操作がサクッとできなければ、使いやすいデスクトップとはいえません。

　アプリケーションソフトという"道具"をどこから起動させると効率的でしょうか？ これは人によって意見が分かれるところです。ちょっとアナログでの作業机の使い方から考えていきましょう。

　仕事で必要となる鉛筆やボールペン、定規などの道具類。あなたは、机の上に常に置いておきたいですか？ それとも「一番上の引き出しの中」という具合に格納しておく場所を決めて、いつでも取り出せるようにし、机上にはなにも置かないようにしたいですか？ どちらの方法であっても何ら問題のないことですが、この**自分流の"やり方"をパソコンにも合わせていくと、自分にとって使いやすいデスクトッ**

プの姿が見えてきます。

　たとえば前述のAさんは、仕事中に必要な道具を取り出したり、探したりするのは手間だと感じるので、なんでも机の上に置いています。パソコンでも同じ感覚があるため、前述のように「仕事で必要なものは、全部デスクトップに置く」をルールにしています。そのため、ショートカットを積極的に作成し、デスクトップに常に表示させています。

　もし、道具は納めるべきところに納めておき、必要に応じて取り出すというタイプならば、［スタート］メニューを活用するほうがスムーズに操作できるでしょう。あらゆる道具は、すべて［スタート］メニューから取り出すというルールにすれば、作業領域にはアイコンをまったく置かないというデスクトップが実現します。作業机にメモ紙一枚も置きたくない、常に何もない状態で仕事を進めたいという人には最適です。

　ショートカット（道具は常に机上に置いておく）派と［スタート］メニュー（道具は引き出しに整理して入れておく）派に分けて、使いやすいデスクトップの作り方を紹介しましょう。

ショートカットをデスクトップに作成する

　Windows95時代から長い間、デスクトップに置くのが普通だったショートカット。アイコンをダブルクリックするだけで使いたいアプリケーションソフトやファイルが起動するという、レガシーですが使い勝手の良いアイテムです。もちろんWindows10でも作成できます。

ショートカットって、実は自分で作ったことないんです。先輩に作ってもらったことはあるけど「いつの間にかできてた」って感じで、どうやって作るのか知らないんです。

　作成方法はいたって簡単。ファイルやフォルダーの場合は、アイコンを右クリックして［ショートカットの作成］を選択してください。同じ場所に「○○-ショートカット」という名前で、矢印が表示されたアイコンが作成されます。それをデスクトップに移動（フォルダー内でショートカットを作成した場合は、ウィンドウからデスクトップにドラッグすると移動します）させれば、OK。ファイルやフォルダー本体にアクセスしなくても、デスクトップのショートカットを使って簡単に開くことができます。

　また、よく使うアプリケーションソフトもショートカットを作成しましょう。［スタート］メニューを開いて、ショートカットを作成したいアプリケーションソフト

のアイコンをマウスの左ボタンを押したまま、デスクトップにドラッグするだけ。「リンク」というバルーンが表示されますので、そこで手をはなせばショートカットのでき上がりです。[スタート]メニューからボタンを移動させたように感じますが、大丈夫！[スタート]メニューにもアイコンは表示されています。

なお、ショートカットを作成すると、元のアイコン名の後ろに「-ショートカット」という言葉が付いたファイル名が自動的に付きます。ショートカットキーはアイコンの左下に矢印マークが付きますので、わざわざファイル名にまで名称を入れる必要はありません。ファイル名から「-ショートカット」を削除しておけば、シンプルで見やすくなります。ちょっとしたことですが、見やすさを追求するなら、こういった点も工夫したいものです。

[スタート]メニューに表示させる

画面左下にある[スタート]ボタンを押すと表示されるメニュー群が[スタート]メニューです。[よく使うアプリ]には利用頻度の高い順にアプリケーションソフトが並びます。仕事で使うものが決まっている場合は、自分でなんらかの設定をせずとも、自動的によく使うアプリケーションソフトが表示されますので、手間いらずで便利な機能です。

▌アプリをスタートメニューから出せば、そこにショートカットができる

▌自動で「-ショートカット」がファイル名に付くが、削除しておけばシンプルで見やすくなる

▌[よく使うアプリ]に使用頻度の高いアプリケーションソフトのボタンが並ぶ

ユーザーが使いやすいように、自動的に表示してくれるって点は確かに便利なところ。だけど「じゃあ、私がこうしたい」というときのやり方も知っておかないと、コントロールができずにかえって不便に感じるもの。小技的なことだけど、覚えておこうね。

必要なアプリが決まっている場合など、「よく使うアプリ」に表示するアプリケーションソフトを固定させたい、ということもあるでしょう。また、複数の社員でパソコンを共用しているときは、表示されるアプリケーションソフトがコロコロ変わってしまい、誰もが使いづらいと感じるものです。しかし残念なことに、「よく使うアプリ」に特定のアプリケーションソフトを固定させることはできません。

その代わりに、右横のタイルメニューもしくは画面下のタスクバーに固定することは可能です。また、自分の使ったアプリケーションソフトを一覧から削除することもできます。共有しているパソコンで、日頃は他の社員が使わないアプリケーションソフトを使った場合は「一覧に表示があると邪魔かも」と感じるときに実行するといいですね。

特定のアプリケーションソフトを右クリックするとメニューが表示されますので、設定したい項目を選びましょう。

■右クリックすると、メニューが表示される

なお「よく使うアプリ」に表示されていないアプリケーションソフトを起動したいときは、メニューの下部に、そのパソコンにインストールされているアプリケーションソフトが一覧表示されます。数字、アルファベット順、五十音順、漢字という順番で並んでいますので、任意のアプリをクリックしましょう。

> **column**
>
> ### デスクトップアプリとストアアプリ
>
> 　Windows10には2種類のアプリケーションソフトがあります。ひとつはパソコンにインストールして使う「デスクトップアプリ」。Windows7以前までアプリケーションソフトと呼ばれていたものです。
>
> 　もうひとつは、Windows8から採用されたタッチ操作に最適化されたもので、「Windowsストアアプリ（以下、ストアアプリ）」と呼ばれます。『メール』や『フォト』など代表的なものは、あらかじめインストールされていますが、Windowsストアで好みのアプリ（有料、無料あり）をダウンロードして利用することもできます。
>
> 　本書執筆時点では、デスクトップアプリのほうが種類が多く、仕事で使われるアプリケーションソフトの大半であるのが現状です。ストアアプリは基本的にはモバイル端末用で、さほどスペックが高くない機器でも動くようにシンプルなつくりのため、機能は必要最低限に限定されているようです。出先でモバイル端末を使う人にとっては、ストアアプリのほうが動作が軽くて使いやすいでしょう。
>
> 　Windows10ではデスクトップアプリ、ストアアプリの区別なく、スタートメニューやタスクバーに表示させたり、ショートカットを作成することができます。
>
> 　厳密にいえば、デスクトップアプリとストアアプリは異なるものですが、本書ではいずれも「アプリケーションソフト」と呼んでいます。

使いやすい[スタート]メニューは、どんなもの？

　誰にとっても[スタート]メニューは、パソコンを操作するための要です。よく使う道具を置いておくだけでなく、設定を変更したり、電源を落とす際にも使います。このメニューの内容はきちんと把握し、必要に応じてカスタマイズしましょう。

　[スタート]メニューの左側下部の4つのボタンは、下記のような用途に使います。なお、ボタン名は[スタート]メニュー上部の ≡ [展開]ボタンをクリックすると表示されます。

この [スタート] メニューには、初期状態ではフォルダーを直接開く項目がないの。

私は以前にWindows7を使っていたから、[ドキュメント]や[ピクチャ]フォルダーを[スタート]メニューから開いていたのに……。これでは困っちゃいます。

[スタート]メニューにフォルダーを表示させる

Windows7以前のユーザーは、必要なアイテムを追加すれば大丈夫。慣れた導線で操作できるようになります。

① [スタート]メニューの ⚙ [設定]ボタンをクリックして、[個人用設定]を選択します。
② [スタート]項目を選択して[スタート画面に表示するフォルダーを選ぶ]をクリックすると、表示できるフォルダー名が出てきます。表示させたいものを「オン」にするとスタートメニューに追加されます。

▎スタートメニューに追加したいフォルダー名をオンにする

タイル表示をやめる

Windows10の[スタート]メニューは、7以前のそれと8に登場した「スタート画面」と呼ばれるタイル表示のメニューを融合したものです。以前からのユーザーの多くは、[スタート]メニューを開くだけでデスクトップを覆ってしまうタイルメニューに違和感を覚えるでしょう。なかには、邪魔だなと感じる人がいるかもしれません。

このままの形で[スタート]メニューを使い続けるか、それともカスタマイズして7以前のスタイルに限りなく近づけるかは、使用しているパソコンの種類で切り分けましょう。

モバイル型パソコンを使っているなら、アプリをタップするだけで起動できるタイルメニューは利用価値が高いです。
　一方、デスクトップ型パソコンならば、タイルメニューのメリットはほとんど感じられないでしょう。ディスプレイがタッチパネル機能を持っていない場合はなおさらです。アイコンが大きくなっただけ、というのが正直なところです。

　ただし、ライブタイルは便利かもしれません。ライブタイルとは、最新情報を直接表示できる機能を持ったタイルのことで、たとえば時事ニュースや日経平均株価などの金融情報、天気予報などが表示されるものです。アプリ自体を起動することなく、スタートメニューを開いたとき、任意の情報を得ることができます。仕事中にリアルタイムで確認するほどではないけれど、ちらっと情報を見たいという人には重宝します。

　タイルメニューはエリア内でドラック＆ドロップすることで場所を変えたり、右クリックしてサイズを変更することができますので、よく見るライブタイルは少し大きめに設定しておくとよいでしょう。

▎ライブタイルで最新情報をチェック

　実は［スタート］メニューは、Windows8でいったん廃止されました。過去のWindowsは、いずれも［スタート］メニューから操作を開始するものでしたので、戸惑うユーザーが続出！　多くの人が"どこに何があるかわからない"状態で、仕事をサクッと始められない環境に業を煮やし、ユーティリティツールを使って［スタート］メニューを追加していました。
　こういった状況を受けて、Windows10では［スタート］メニューがめでたく復活！　とはいえ7以前からのユーザーなら、右側のタイルメニューは余分なもの。使い慣れたスタートメニューとデザインが同じほうが、操作に違和感がないかもしれませんね。そんな人は思い切って、すべてのタイルを消してしまいましょう。

　タイルメニューを表示させ、消したいタイルを右クリックして［スタート画面からピン留めを外す］を選択します。すべてのタイルを外してしまうと、右図のようになります。

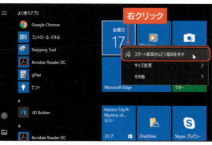
■ピン留めを外せばタイルから姿は消えます

■すべてのタイルのピン留めを外せば、スッキリした感じに！

「スタート」メニューにこだわりのある人って、意外と多いもの。共有パソコンでない場合は、使いやすさを優先してかまわないので、いろいろ試してみよう！

地味に見えるが、実はあなどれない「タスクバー」の存在

　いつも使うツール類はすぐに使える場所に置くことが、仕事の効率を上げることに直結することを考えると、ショートカットをデスクトップに置いたり、[スタート]メニューをカスタマイズすることは比較的ポピュラーな手法です。すでに導入している人も多いでしょう。

デスクトップにはツール類を置く場所として、「スタート」メニュー以外にもう一箇所あることは知ってるかな？

え？　どこでしょう？　わかりません。

画面下をご注目！ 細長いバー状の領域があります。これは「**タスクバー**」と呼びます。ちょっと地味なのですが、意外や意外！ このバーにはさまざまな機能があって、使ってみると「こりゃ、便利」と目からウロコが落ちるかもしれません。

まずは、タスクバーに用意されているアイテムを紹介しましょう。画面左から、次のように並んでいます。

実はこのタスクバー、**仕事をするなかでイチオシのアイテム**です。デスクトップがウィンドウだらけになっても、どのアプリケーションソフトが起動しているのか、何のファイルが開いているのかはタスクバーで確認すれば、一発でわかる！ 不要なものは、タスクバーから消せる！ などなど、複数のアプリケーションソフトやファイルを同時に開いて作業する人にとっては、ありがたい機能が満載です。

どんな機能であるかは項目を挙げて紹介しますが、文章で説明しても、その良さはなかなか伝わりません。ここからは、ぜひ実際にデスクトップで触って、どういった動きをするかを確認しながら読み進めてください。すぐに導入することができるものばかりですので、作業の効率アップには速攻で役立つでしょう。

■ 使いたいウィンドウを一番上にしたい

複数のウィンドウを同時に開いて作業しているとき、ウィンドウ同士が重なって、作業したいウィンドウがなかなか見つからないことはありませんか？

 あります！ いくらワイド型のディスプレイを使っていても、開いているウィンドウの数が多いと「狭くて使いづらい」って、イライラしてくるんです。

そんなときは［タスクビュー］ボタンを押しましょう。**開いているウィンドウがサムネイル表示されます**ので、目的のウィンドウをすぐに発見できます。見つけたら、そのサムネイルをクリックしましょう。必要なウィンドウが"一番上"状態のデスクトップに切り替わります。

さらにタスクビューには、Windows10で登場した「仮想デスクトップ」機能があ

ります。これは次項で詳しく紹介します。

■ 使いたいウィンドウのサムネイルをクリック

■ よく使うアプリケーションソフトなどを登録する

　よく使うアプリケーションソフトやフォルダーをタスクバーに登録しておけば、[スタート]メニューを開くことなく起動できます。デスクトップにショートカットを置きたくない、デスクトップがアイコンだらけで置く場所がない場合にはお勧めです。

「デスクトップにショートカットを置きたくない」「デスクトップがアイコンだらけで置く場所がない」ってときは便利よ。

　アプリケーションソフトの登録は、比較的簡単です。[スタート]メニューにある任意のアイコンを右クリックして[その他]→[タスクバーにピン留めする]を選択するだけです。

　自分がよく使うフォルダーを登録するには、ちょっとひと手間が必要です。

① まず登録したいフォルダーを右クリックして[ショートカットを作成]を選択します。
② 作成されたショートカットを右クリックして[スタート画面にピン留めする]を選んで、いったんスタート画面(タイルメニュー)に登録します。
③ 登録できたアイコンを右クリックして[その他]→[タスクバーにピン留めする]を選択するとフォルダーが登録されます。

055

■ よく使うアプリケーションソフトやフォルダーもタスクバーに追加

通知領域に必要なアイコンを追加する

　タスクバーに右端は「通知領域」と呼ばれ、音量やネットワークの接続状況などをすぐに確認できるようにボタンが表示されています。初期設定で表示されているものに限らず、追加することも可能です。

私はひんぱんにUSBメモリーの抜き差しをするから、ここにボタンを表示させてます。これって、とっても便利で気に入ってます。

①［スタート］メニューの［設定］ボタンを押し、［個人用設定］を開いて［タスクバー］を選択します。
②画面右の［通知領域］にある［タスクバーに表示するアイコンを選択してください］をクリックします。
③表示された画面で、通知領域に表示させたいものを「オン」に切り替えましょう。

　通知領域の一番左にある ∧ は［隠れているインジケーターを表示します］というボタンです。これをクリックすると、「オフ」に設定されているアイテムのボタンがまとめて表示されます。通知領域にあまり多くのボタンが並ぶと、かえって見にくくなってしまいます。日頃は使わないものはオフの状態にし、必要なときだけここから起動させればよいでしょう。

■ [設定] 画面で [タスクバーに表示するアイコンを選択してください] をクリック

■ 表示させたいアイテム、もしくは全部をオンに切り替えるだけ

■ オフに設定されたアイテムは [隠れているインジケーターを表示します] ボタンを押すと表示される

起動しているアプリケーションを確認する

複数のアプリケーションソフトを起動して作業をしていると、パソコンの動作が重くなる（参照 P.213）ことがあります。それは複数のアプリケーションソフトがメモリーを取り合っていることが原因かもしれません。

 使わないアプリケーションソフトを起動させたままって、賢いパソコンの使い方ではないからね。

そんなときは、**使っていないアプリケーションソフトを終了させると改善**します。

とはいえ、あまりにも多くのアプリケーションソフトを使っていると、どれが起動しているのかわからなくなるときがあります。その場合はタスクバーのボタンを見てください。**ボタンに下線が表示されているものが、起動中のアプリケーションソフト**です。

無用なアプリケーションソフトがあったら、**ボタンを右クリックして [ウィンドウを閉じる] を選ぶ**と、そのアプリケーションソフトを終了することができます。

▎ボタンに下線があるのが起動中のアプリケーションソフト

▎右クリックして[ウィンドウを閉じる]を選ぶと、ただちに終了する

▍開いているウィンドウの内容を確認する

　デスクトップに複数のウィンドウを開いていると、重なり合ってどんな内容であるか、どのファイルが開いているのか把握できないときがありませんか？ そんなときは、タスクバーのアプリケーションソフトのボタンにマウスポインターを合わせてみましょう。現在開いているファイルの内容をサムネイル表示してくれます。画像であれば、サムネイルだけで内容を判断できますし、上部に「課長への報告文 - メモ帳」というようにファイル名とアプリケーションソフト名が表示されますので便利です。

　不要なファイルが開いていたら、サムネイルにマウスポインターを合わせましょう。右上に ✕ マークが出ますので、これをクリックするとファイルが閉じられます。

▎開いているウィンドウの内容をサムネイルで表示。ここから閉じることも可能

 たとえば『メモ帳』で開いているウィンドウの内容だけを見たいときには便利！ 前出の[タスクビュー]ボタンと使い分けてま～す。

▍よく使う、最近使ったファイルを開く

　タスクバーには「ジャンプリスト」という機能があります。タスクバーのボタンを右クリックすると表示されるリストで、内容はボタンによって異なります。最近開いたファイル名やフォルダー名が表示されます。

いったん閉じたファイルが再度必要になったとき、ジャンプリストを使えば、とってもスピーディにファイルを開けるの。わざわざファイルの保存場所を探す手間がないからね。

またジャンプリストにファイルやフォルダーを登録（ピン留め）することもできます。ジャンプリストに表示されている項目名にマウスポインターを合わせると、右側にピンのマークが表示されます。これをクリックすると、その項目は常にジャンプリストに表示されるようになります。

たとえば、電話メモはテンプレート化してテキストファイルとして保存しておきます。それを『メモ帳』のジャンプリストにピン留めしておけば、電話が掛かってきたら、すぐにメモを残すことができます。部署が変わるなど、テンプレートが必要なくなれば、ジャンプリストを開いてピンのマークをクリックすればジャンプリストから姿を消します。

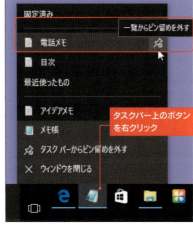
■ジャンプリストで作業がぐ～んとスピーディーに

デスクトップの表示・非表示を一瞬で切り替える

仕事が進むとウィンドウがいくつも開いていくため、いつの間にか画面を埋め尽くしている状態。これではせっかくショートカットをデスクトップに置いていても、ウィンドウをかき分けないとクリックすることができない……。

そうそう。アナログの机と一緒で、あまりに書類（ウィンドウ）をたくさん広げすぎてしまうと、一番下が見えないんですよ。

こんなときは、タスクバーの一番右端をクリックしてください。一瞬ですべてのウィンドウが閉じます。ショートカットをクリックしてアプリケーションソフトを起動するなど、必要な操作が終わったら再度右端をクリック！ すると、すべてのウィンドウが元通りのレイアウトで再表示されます。

このタスクバーの右端のエリア（通知領域の日付や時間の表示の右側にある縦線から右）を「デスクトップの表示」と呼びます。これをクリックするだけと、いたって簡単な操作ですが、重なったウィンドウをサクッと片づけられる点は重宝します。

この右端のエリア、小さくてクリックしにくいと感じるようなら、タスクバーの何もない場所を右クリックして表示されるメニューから［デスクトップを表示］を選択してください。ウィンドウがすべて閉じられた状態で、同じ操作をすると、メニューに［開いているウィンドウを表示］が現れますので、これをクリックすると元の状態に復元されます。

　ショートカットキー（参照 P.093）を使うなら［Windows］＋［D］キーです。

■タスクバーで「デスクトップを表示」に切り替えよう

ここをクリックするだけ

タスクバーを右クリックしてもよい

　この「デスクトップの表示」機能は、もうひとつオプションがあります。タスクバーの右端のエリアにマウスポインターを置くと、開いているウィンドウが枠だけ表示された透過の状態で、デスクトップが表示されます。

　右端のエリアにマウスポインターを移動させるだけで、デスクトップを表示できますので、頻繁にデスクトップを表示させる人には便利でしょう。この機能は、Windows10では初期設定でオフになっています。オンにしたいときは、タスクバーを右クリックして［設定］を選択し、［タスクバーの端にある［デスクトップの表示］ボタンにマウスカーソルを置いたときに、プレビューを使用してデスクトップをプレビューする］を「オン」にしてください。

■デスクトップのプレビュー機能をオンにする

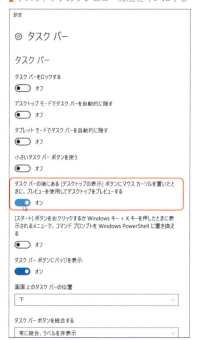

■右端エリアにマウスポインターを置くだけで、ウィンドウが枠だけの表示になる

column 「最近開いた項目」の必要性

　　　パソコンを使って仕事をしていると、1つのファイルを継続して使うだけでなく、複数のアプリケーションソフトを起動して、さまざまなファイルを開いたり、閉じたりを繰り返すことはよくあります。そのなかで「いったん作業が終わって閉じてしまったファイルが再度必要になる」ということは、よくあることでしょう。

　そんなとき、「あのファイルは、どこに保存したかな？」と探す手間を回避するために、一日の作業で使うファイルはすべてデスクトップに並べて置くというルールは有効です。ただし、その日が終わると指定の場所にファイルを格納する必要はあります。これを怠ると、デスクトップにあるファイルが、いつ使用したものかわからなくなり、結局は必要なファイルを探す手間が生じてしまいます。

　前述のようなルール付けをしていた場合、日付が変わると自分が直前まで操作していたファイル類はデスクトップには"ない"状態となります。このとき「最近開いた項目」を活用するのです。

　直近で使ったファイルが一発で開けることは、仕事の効率アップにはたいへん有効です。実はタスクバーだけでなく、［スタート］メニューにも表示させることが可能です。しかしWindows10では、この機能がオンになっていないと利用できません。まずは設定を見直して、自分のパソコンでも利用できるようにしておきましょう。

① ［スタート］メニューの［設定］ボタンを押し、［個人用設定］をクリックします。
② 画面左側の［スタート］を選択し、右側にある［スタート画面またはタスクバーのジャンプリストに最近開いた項目を表示する］をオンにしましょう。

これにより、[スタート]メニューの[エクスプローラー]を右クリックしたときのメニューや、タスクバーのボタンを右クリックすると表示されるジャンプリストに[最近使ったもの]の項目が追加されます。

▌[スタート画面またはタスクバーのジャンプリストに最近開いた項目を表示する]をオンにする

これ大事!
デスクトップのレイアウトを考える

　パソコンで仕事を進める際、マウスポインターを画面の下部や左端に移動させる操作は、自分にとって自然ですか？ パソコン環境にもよりますが、作業の導線（デスクトップでマウスポインターを動かす道筋）を考えると、ベストとはいえないかもしれません。特にタスクバーは、ディスプレイと目線の位置関係によっては、画面下では使いにくいことがあります。

　たとえば筆者は、ディスプレイを少し見下げるような位置に置いています。そして右利きですので、タスクバーが画面下にあるより、右端に並んでいたほうが使いやすいし、ジャンプリストも見やすいと感じます。またショートカットはきれいに整列するより画面内のいろいろな場所に散らばしておきたいのです。あ、アイコンの大きさは、できれば大きいほうがいいですね——という具合ですので、デスクトップは初期設定とは異なるレイアウトにしています。

　どういったレイアウトが使いやすいのかは、人それぞれ。ツール類のカスタマイズ方法が複数あるから、いろいろ試してみた上で自分流のレイアウトを作り上げていこうね。

　は〜い、まずは、あれこれとやってみます！

タスクバーの幅を変更する

タスクバーの幅は変更できます。方法は簡単！**タスクバーとデスクトップの境界線にマウスポインターを合わせて**ください。双方向の矢印が現れたらドラッグして、好みの幅にします。

■この状態になったら、ドラッグして幅を調整しよう

タスクバーの位置を変更する

タスクバーの位置は上下左右、好きな場所に変更できます。

①タスクバーの何もないところを右クリックして[設定]を選択します。
②画面右側にある[画面上のタスクバーの位置]をプルダウンして、変更したい場所を選択します。

■上下左右、好きな位置を選択しよう

タスクバーのボタン表示を設定する

タスクバーに表示されるアプリケーションソフトやフォルダーは、初期設定ではアイコンだけですが、これに**ラベルを表示させる**ことができます。

たとえばファイル名が「電話メモ」といったテキストファイルを『メモ帳』で開くと、アイコンの隣に「電話メモ - メモ帳」と表示されます。タスクバーから一発で必要なファイルを開くことができて便利です。

設定はタスクバーの何もないところを右クリックして[設定]を選択し、**画面右側にある[タスクバーボタンを結合する]をプルダウンして、「結合しない」を選びます**。画面表示のサイズによっては、タスクバーに表示されるものが多くとなるとラベルが重なり合ってしまい、かえって見にくくなる場合があります。それを見越して**「タスクバーに入りきらない場合」を選択**しておくのもよいでしょう。

■「タスクバーに入りきらない場合」を選択しておこう

タスクバーで開いているファイルが確認できる

■タスクバーを固定する

タスクバーの位置を決めたら、動かないように固定させましょう。初期設定では固定されていないため、誤って仕事中にタスクバーをドラッグしてしまい、サイズが変わって見にくくなってしまうことがあります。それを回避するために、固定しておくことをお勧めします。

タスクバーのなにもないところを右クリックして、[タスクバーを固定する]を選択します。固定を解除したいときは、同じ操作をして[タスクバーを固定する]の前にあるチェックマークをクリックしましょう。

■タスクバーの表示・非表示

デスクトップはできるだけ広く使いたい。タスクバーなんて邪魔だ！という人は、タスクバーを非表示にしておき、必要なときに表示させるとよいですね。

[タスクバー]画面にある[デスクトップモードでタスクバーを自動的に隠す]を「オン」にしましょう。この設定をしておくと、通常はタスクバーが非表示になりますが、マウスポインターをタスクバーの位置に移動すると表示されます。

■デスクトップに置きたいアイコンを決める

デスクトップには、通常「ごみ箱」のアイコンがあるだけです。自分のフォルダー類や「ネットワーク」にアクセスするには[スタート]メニューかタスクバーの「エクスプローラー」を開く必要があります。このひと手間が余分な操作だなと感じま

せんか？

また、Windows95/98からのユーザーには慣れ親しんでいた「マイコンピュータ」がデスクトップにないことが不満となるでしょう。Windows10では『PC』と表示されるものですが、パソコンのハードディスク内やネットワークの状況を見る際は重要なものだけに、いつでも開けるようにデスクトップに置いておきたいものなのです。

「ごみ箱」以外にも、デスクトップにアイコンは追加表示が可能です。

① デスクトップのなにもない場所を右クリックして[個人用設定]を選びます。
② 開いた設定画面の左側で[テーマ]を選択し、右側の[デスクトップアイコンの設定]をクリックしてダイアログを開きます。
③ 右の画面でデスクトップに表示させたいものにチェックマークを入れて[OK]ボタンを押しましょう。

■デスクトップに表示したいものを選択しよう

■アイコンの大きさを決める

デスクトップに表示させたアイコンの大きさは、自由に変更できます。まず、**デスクトップのなにもない場所を右クリックして[表示]にマウスポインターを合わせてみましょう**。大中小のアイコンを選択できるようになっています。初期設定では「中」が選ばれていますので、大や小に変えてみましょう。

この他に**[Ctrl]キーを押しながら、マウスのホイールを回す**という方法もあります。ホイールを手前に回すと小さく、奥へ回すと大きくなります。この方法なら好みの大きさに微調整できますのでお

■メニューでは三段階の大きさしか選択できない

■極端だが、こんな大きさのアイコンにもできる

勧めです。

■アイコンの配置について

デスクトップに置くショートカットやアイコンはきれいに並んでいたほうが見やすいですか？ それとも自分の好きな場所に置きたいですか？

好きな場所に置けるほうが、仕事がしやすいと感じる人はいるでしょう。勝手に整列されてしまうと、自分がアイコンを置いたという場所から移動してしまい、どこに必要なファイルがあるか見失ってしまう。これでは、困ってしまいます。

また等間隔にアイコンが並ぶ必要はあるでしょうか？ これは後述する壁紙との兼ね合いがあるのですが、アイコンの配置はできるだけ自分の感覚で決めたいという人もいます。

アナログの作業机と同じで、デスクトップに置くものをきれいに並べておくか否かは、使う人の好み（性格？）に合わせればよいので、やり方だけは覚えておいてください。

デスクトップのなにもない場所を右クリックして［表示］にマウスポインターを合わせると［アイコンの自動整列］［アイコンを等間隔に整列］という項目があります。使いたい機能をクリックしてチェックマークを入れましょう。

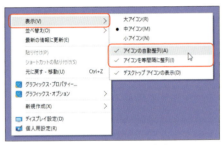

■使いたい機能にチェックマークを入れよう

壁紙を変えれば、仕事がやりやすくなる？

デスクトップのレイアウトを考えたら、壁紙も替えてみましょう。思えば壁紙はパソコンを使うなかで、もっとも目にする部分です。その点について、メーカー製パソコンにはロゴマーク入りの独自の壁紙が初期設定されています。壁紙に限らず、インストール済みのアプリケーションソフトやお勧めサイトへのショートカット、カレンダーなどユーティリティツールの数々など、デスクトップが過剰にきらびやかな感じです。

私はこれを"お化粧画面"と呼んでるの。厚化粧なデスクトップほど使いにくいものだから、そのまま使い続ける必要はなし！ 仕事がしやすいものに替えておこうね。

確かにお化粧のしすぎは、見苦しい（あ、先輩のことじゃないですよっ）から、ナチュラルなものにしたいです。

　デスクトップの壁紙は「背景画像」、壁紙とウィンドウの色、サウンドの組み合わせたものは「テーマ」と呼ばれています。まずは「テーマ」でウィンドウの色（必要ならばサウンドも）を決めて、それから壁紙を変更しましょう（もちろん、「テーマ」でセットになった壁紙をそのまま使用してもかまいません）。

テーマを変更する

　Windows10には壁紙とウィンドウの色、サウンドを組み合わせた「テーマ」が用意されています。メーカー製パソコンでは独自のテーマを用意していますし、Microsoft社のサイトには複数のテーマが用意されており、好みのものをダウンロードして利用することもできます。

① デスクトップのなにもない場所を右クリックして［個人用設定］を選択します。
② ［設定］画面の［テーマ］を選択して右側の［テーマの設定］をクリックします。
③ ［個人用設定］画面に選択できるテーマが表示されますので、好みのテーマをクリックしましょう。

■好みのテーマを選択しよう

■Microsoft社のサイトからテーマをダウンロードしてもよい

なお、この画面に表示されるのは、そのパソコンですぐに利用できるテーマです。気に入るものがなければ、[オンラインで追加のテーマを取得]をクリックすると、Microsoft社のサイトが開きますので、そこからテーマをダウンロードして利用することもできます。

壁紙を変更する

壁紙だけを変更することもできます。デスクトップのなにもない場所を右クリックして[個人用設定]を選択します。[設定]画面の[背景]をクリックして、[背景]にあるメニューから好きな画像を選択します。

好きな画像──といっても、あらかじめパソコンに用意されている画像のなかで気に入るものがなければ、インター

■ 好きな画像を壁紙として設定しよう

ネット上で配布されている無料の壁紙をダウンロードしたり、デジカメ写真を取り込むなどして[ピクチャ]フォルダーに格納しておきましょう。その上で、この設定画面に入り[参照]ボタンを使って画像をサムネイル表示させれば、壁紙として利用できます。

余談ですが、機能性重視という方には[壁紙はグレーの単色のみ]がお勧めです。理由は画像の確認をするとき、壁紙の色によって印象が変わってしまうことがあるので、できるだけ影響の少ないものということ。また、壁紙の絵柄がにぎやか過ぎると目が疲れやすい点、絵柄によっては仕事の緊張度が高まらないという点があるためです。

column
こんな仕事用デスクトップは、いかが？

　本文で紹介したように、一日の業務がスタートするとき、その日に必要なファイルはすべてデスクトップに置く、というやり方があります。作成したファイルも、保存先はひとまずデスクトップにしておき、終業前に保存先となるフォルダーに移動します。アナログの作業机でたとえると、必要な書類やペン、ものさしや電卓などの道具類を全部机上に広げて仕事を始め、終わってから引き出しや書類棚に直す、ということを繰り返しているだけです。

　こういった仕事のやり方では、デスクトップは下図のようになっています。ここでお勧めしたい壁紙は、インターネットで配布されている『Desktop Background』です。画面左に書棚、右にボードと机があり、それぞれの場所にどのアイコンを置くかを決めておけば、一目で必要なファイルがわかります。ボードにはアプリケーションソフトのショートカット、書棚にはフォルダーやよく使うファイルのショートカット、中央に作成途中の書類や資料ファイル、机の上には電話メモや上司への報告書、という具合です。

　この壁紙を使うと、どんなにアイコンが増えてしまっても見失うことはないでしょう。壁紙ひとつで、仕事がやりやすくなる好例ですね。

▍仕事のしやすさを追求したデスクトップの一例

『Desktop Background』の入手先：http://imgur.com/gallery/rwD2aEy

仕事ができる人は、複数のデスクトップを操る？

仕事をしているとき、「デスクトップが一つでは足りない！」と感じることはありませんか？

たとえば「企画書を作成するのに、Wordで文書ファイルを開きながら、PDFファイルの資料を確認する」というとき、文書ファイルをデスクトップいっぱいに広げた状態で作業したほうが断然やりやすいのだけど、そうするとPDFファイルのウィンドウは隠れてしまいます。資料を見たいときは文書ファイルのウィンドウを最小化するか、PDFファイルのウィンドウをクリックしてアクティブな状態にするという一手間が発生します。もし、ディスプレイが二台あって、メインのディスプレイに文書ファイル、サブのディスプレイにPDFファイルを表示させておき、両者の間を自由に行き来できたら、どうでしょう？ 断然作業がしやすくなりそうですよね。

でも、会社のデスクにディスプレイを二台置くのは無理ですよ〜。

あきらめるのは、まだ早い！ すっごく便利な機能がWindows10にはあるよっ。

Windows10には『仮想デスクトップ』機能があります。これは一つのデスクトップに仮想的に複数のデスクトップを用意するもので、サムネイルをクリックすることで簡単に画面を切り替えながら作業できるという新機能です。うまく使いこなせば、コストを掛けずに仕事の効率アップが実現します。

使い方は、比較的簡単です。タスクバーにある［タスクビュー］アイコンをクリックします。画面右に「＋」と「新しいデスクトップ」の文字が表示されますので、それをクリックします。仮想デスクトップが作成され、「デスクトップ2」というサムネイルが表示されます（これを繰り返すと、さらに複数の仮想デスクトップが作成されます）。このサムネイルをクリックすることで、表示させるデスクトップを選択することになります。必要なくなったデスクトップは、サムネイルの右上にある ✕ をクリックすれば削除されます。

■[タスクビュー]アイコンをクリックして「＋　新しいデスクトップ」をクリック

■デスクトップごとにサムネイルが表示される

　作成できる仮想デスクトップの数は、上限が決まっていないようです。試しに作り続けると、かなりの数まで作成できました。とはいえ、一人で管理できるデスクトップの数には限りがあるでしょう。自分で使いこなせる数だけ作成してください。

　なお、仮想デスクトップは、パソコンを再起動しても保持されます（ただしアプリケーションソフトは再度、起動する必要があります）。不要になったら必ず削除するように心がけましょう。デスクトップの番号は自動的に付与されるものですが、たとえば「デスクトップ1」を削除すると、「デスクトップ2」が自動的に「デスクトップ1」に変更されますので、その点は覚えておきましょう。

column デスクトップの"今"を記録したい

　仕事の途中、デスクトップの様子を記録しておきたいときは、画面をキャプチャしておきましょう。これは実に簡単です。キーボードの[PrtSc (PrintScreen)]のキーを押します。そして『ペイント』（[スタート]メニューから[Windowsアクセサリ]の[ペイント]を選択）を起動して、画面左上の[貼り付け]ボタンを押します。デスクトップが画像となりますので、任意の場所に保存しましょう。

作業の途中にパソコンから離れるときは

　仕事の途中、トイレや休憩で席を立つ際に、パソコンをどうしていますか？
　まず、作業途中のファイルを［上書き保存］（参照 P.165）するのは当然のこと。保存をしないままパソコンにトラブルが起きたとき、再起動となれば保存していなかった内容はすべて消えてしまいます。この点は肝に銘じておきましょう。

　ファイルを保存してからトイレに行くのはわかるけど、他にもやることがあるんですか？

　もしかして、画面を表示させたままトイレに行ってるの？ それはセキュリティ上、大問題だよ！

　ファイルを保存したあと、ウィンドウを開いたまま席を外す。これは、絶対にNGです。いくら短時間であっても、です。
　もし、あなたが席を外している間に、誰かがデータを書き換えたら？ もし、誰かが画面に表示されている情報をこっそり紙に書き写していたら？ 部屋には職場の人間しかいないとしても、何が起きるかわかりません。扱っているファイルの管理を自分自身で行うのは、ビジネスパーソンとしての義務です。
　だからといって、トイレに行くたびにファイルを閉じてパソコンを終了するなんて非効率的です。席に戻ったら、すぐに作業を再開したい！ ならば、画面をロックするようにしましょう。
　［スタート］メニューにあるユーザー名のアイコン部分をクリックして表示されるメニューの［ロック］をクリックする（もしくは［Ctrl］+［Alt］+［Delete］キーを押す）とロック画面に切り替わります。

▌パソコンを離れるときは「ロック」を忘れずに

column
スクリーンセーバーを有効活用

　　パソコンから離れるときは、必ずロックすることを習慣づけたいものです。とはいえ、うっかりロックを忘れてしまうことは考えられます。そういった場合を想定して、一定時間、誰もパソコンの操作をしなければ自動的にスクリーンセーバーがスタートするように設定しておきましょう。

① デスクトップのなにもない場所を右クリックして［個人用設定］を選択します。
② 画面左側の［ロック画面］を選択して、右下の［スクリーンセーバー設定］をクリックします。
③ ［スクリーンセーバーの設定］ダイアログの初期設定では「(なし)」となっているメニューから「3Dテキスト」「バブル」など好みのタイプを選択し、作動までの時間を［待ち時間］で設定します。

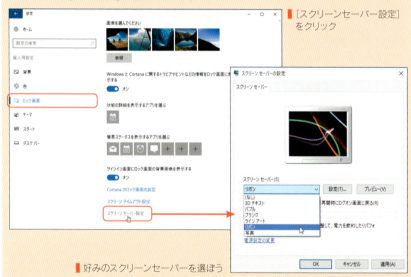

▌［スクリーンセーバー設定］をクリック

▌好みのスクリーンセーバーを選ぼう

　<mark>スクリーンセーバーが作動すると、デスクトップの内容はすべてガード</mark>されます。これを解除するには、パソコンにサインインする必要がありますので、パスワードの入力が必須となります。パスワードがわからない人は、デスクトップの内容を盗み見たり、勝手に操作をすることができない、というわけです。

　もともとスクリーンセーバーは、CTRディスプレイの時代に同じ画面を長時間表示し続けることで起きる"画面の焼き付き"を防止するために使われていました。今は焼き付きが起こらない液晶タイプのディスプレイが主流ですので、無用なものではあるのですが、セキュリティ面からよく利用されています。

サインインに使っているのは、「Microsoftアカウント」それとも「ローカルアカウント」？

Windows8以降、Windowsにサインインするアカウントが2種類になっています。どちらのアカウントを利用するかは、職場ごとに方針があれば、それに従うことになります。むしろ、職場の指示を違えて、異なるアカウントを勝手に作成することはNGです。「なぜNGなのか？」と疑問に思う人もいるでしょう。

個人所有のパソコンなら、Microsoftアカウントのほうがいろいろなサービスを受けるのに便利だけど、会社ではそうとは限らないからね。

そういえば、うちの会社はローカルアカウントでサインインしているけど、なぜなんだろう？ どこがMicrosoftアカウントと違うのか、わからないです。

では、2つのアカウントについて説明します。職場のパソコンでは"使わない"と決まっているアカウントであっても、今後のWindowsの使い方を左右することもありますので、知識は持っておきましょう。

■「Microsoftアカウント」はクラウド上のアカウント情報

Microsoftアカウントとは、Microsoft社の個人認証システムであり、クラウド上でアカウント情報を管理します。以前は『Windows Live ID』と呼ばれていましたので、ご存知の方もいるでしょう。

Microsoftアカウントは、Web上で利用するSkypeやメール、OneDriveなどのサービスにサインインするためのメールアドレスとパスワードの組み合わせです。従来は、そういったサービスを利用するときだけに使用していましたが、Windows8からパソコンへのサインインにも使えるようになっています。最初からMicrosoftアカウントでサインインしておけば、複数のMicrosoftのクラウド・サービスを手軽に利用（これを「シングルサインオン機能」と呼びます）できます。それにWindowsアプリを入手するときは、Microsoftアカウントでのサインインが必須となります。

また、複数のパソコンを使っている場合は、同じMicrosoftアカウントでサインインすることで、ブラウザーやメールの設定、インストールしているストアアプリを同じように利用することができます。

職場ではデスクトップ型パソコン、外回りにはノートパソコンを持って、というワークスタイルの人には重宝するかもしれません。

「ローカルアカウント」はパソコン内のみのアカウント情報

　ローカルアカウントとは、WindowsXP以前まで「ユーザーアカウント」と呼ばれていたもので、パソコン内でのみアカウント情報を管理するものです。パソコンに登録したユーザー名とパスワードを使ってWindows10にサインインします。

　ローカルアカウントでサインインすると、インストールされているアプリケーションソフトを使用するのには問題ありませんが、Microsoft社の提供するクラウド・サービスは使えません。使用したいときには、Microsoftアカウントでのサインインが必要となります。

　こうして2つのアカウントを比較すると、Microsoftアカウントを使ったほうが便利なように感じます。だからといって、職場からの許可がないまま安易にMicrosoftアカウントでパソコンを利用してはいけません。

　Microsoftアカウントを取得すると、ユーザーの情報がMicrosoft社のサーバーに保管されます。万が一、Microsoft社のサーバーがサイバーテロの標的になった場合、情報が流出する危険性が出てきます。

　職場の指示でローカルアカウントを使っている場合、個人の判断で職場用のMicrosoftアカウントを取得したり、個人で所有しているMicrosoftアカウントでサインインを行わないようにしましょう。

---

column
Windows10で登場した「PIN」とは

　Windows10ではMicrosoftアカウントの設定時に、「PIN（ピン）」という暗証番号の利用を推奨しています。これをユーザーに使わせたい意図は、これまでのパスワードではセキュリティに限界があるからです。

　パスワードは、いくら複雑な文字列で設定していても、悪質なウイルスに感染したり、第三者に盗み見られた場合は漏えいを免れません。パスワードの認証先がインターネットであるMicrosoftアカウントの場合、メールアドレスとパスワードが人手に渡ってしまうと、クレジットカードの登録があればストアでアプリや音楽、映画など有料コンテンツを勝手に購入される恐れがあります。またメールアカウントを乗っ取られて、ウイルスメールの送信先に使われる可能性もあり、大きな被害を受けてしまうかもしれません。

　そういった事態を回避するため、パソコンなどのデバイスが認証先となるPINを設定しておくのです（参照 P.204）。仮にPINのパスワードを第三者に知られても、他のパソコンからでは認証されません。あくまでもPINは設定したパソコンとセッ

トでしか使えないのです。

　PINは数字のみで設定します。Windows8では4ケタの数字でしたが、Windows10では40桁まで設定できますので、他人には推測されないような組み合わせで登録しておきましょう。

　ちなみにPINは、ローカルアカウントでも設定は可能です。

┃Windows10のインストール時に「パスワードは時代遅れです」のメッセージが！

第 **3** 章

スピーディーな操作が仕事の効率をアップさせる
〜すぐに実践できるショートカットキーの技をマスターしよう

いかにパソコンに迅速に指示を出すか？ これはユーザーである自分自身の問題です。いくら高性能なパソコンでも、キーボードやマウス操作で指示をされなくては、処理はできません。やり方がいろいろあるなかで、生産性を重視した操作方法をマスターすることが、"仕事ができる"ビジネスパーソンへの第一歩です。

キーボードから手を離さず操作できる!?
パソコンを1秒で操作するとは?

　仕事の効率を上げるには、パソコンの操作がスムーズであることが必要です。パソコンはあくまでも成果物であるファイルを作成するための"道具"ですので、どう使いこなすかはユーザー次第です。

　本書のタイトルに「即戦力」とありますが、すぐに戦力になるのは、自分自身の操作性をいかに向上させるかにも掛かっています。

さあ、パソコンへの指示の出し方がスピードアップするように、ワザを身につけようね!

(普段スマホばかりいじっているから、実はキーボードって苦手なんだよなぁ〜)。先輩、よろしくお願いしますっ!

　まずはオフィスを見渡してください。「パソコンの達人」「ヘビーユーザー」と呼ばれる人はいませんか? 彼らを見ていると手元がキーボードから離れず、ほとんどの作業をキー操作で行っていることがあります。常に両手がキーボードの上をリズミカルに動き回り、マウスに触れることがない……という人は、マウスクリックが必要な操作をキーボードで行っているのです。これは「ショートカットキー」を多用することで実現します。

　ショートカットキーとは、キーボードの複数のキーを組み合わせて同時に押すことで、あらかじめ対応付けられた機能を実行させる操作、または割り当てられたキーの組み合わせを指します。

　ショートカットキーを使う利点は、キーボードから手を離さずにすむというところにあります。文字や数字の入力は必ずキーボードで行いますが、完成したファイルを保存する、印刷するなどの操作までキーボードで実行させることができたら、どうでしょう? キーボードから手を離してマウスに持ち替えることは、ほんのわずかなことのように思えますが、回数が重なると意外とロスする時間が多くなります。自分の指がほんの1秒だけ、キーを叩くことでパソコンへの指示が完了する。これによりムダな動きが発生せず時間短縮ができる上に、次の作業への導線が実にスムーズになるのです。

　ショートカットキーを使っての操作は、さほど難しいことではありません。とはいえ、初心者にはなかなか身につかないものです。その要因は「どのようなショートカットキーがあるのか知らない」「キーの組み合わせを覚えられない」という点に

あります。

　初心者向けのパソコン解説書などを紐解くとショートカットキーの一覧表があり、どのキーを組み合わせると、どんな操作ができるかサラッと紹介されていますが、案外読みとばす人が多いものです。これを丸暗記しようとすると、かなり大変ですし、文章で説明されてもどこが便利なのかピンとこない。マウスを使えば済むことなので、ショートカットキーなんて覚えなくてもよいと考えてしまうと、マウスでの操作から抜け出せないままになります。

「ショートカットキー一覧表」なんかを見ると、学生時代に苦しんだ化学式が頭に浮かんできて、覚えようなんて気力が出ないんです。

どういったシーンで、どのショートカットキーを使うと効果的かがわかると、案外すんなり覚えられるからね。ここはめげずに、がんばろう！

　では、使用頻度が多いものや実用度が高く知っておくと便利なものを中心に紹介していきます。

　まずはあらためて、キーボードを見てみましょう。いうまでもないことですが、キーボードの役割は、文字や数字を入力することにあります。

　一般的な日本語キーボードには109個のキーがあり、それぞれのキーにはアルファベットや数字が刻印されています。その文字のキーの周りには、さまざまな機能を持つキーが配置されています。そのなかでも「**修飾キー**」と呼ばれ、**他のキーと併用することで、そのキーの機能を変える働きをするキーがショートカットキーとして使われます**。どのキーが修飾キーであるかまで意識する必要はありません。「文字入力に使わないキーに、いろいろな機能があるんだな」という程度に認識しておけばよいでしょう。

▍日本語キーボード

column

数字が入力できない？ 大文字しか入力できない？

キーボードのキーには、修飾キーのほかに「ロックキー」と呼ばれるキーがあります。これらのキーは押すたびにオンとオフが切り替わり、オンの状態のときだけ修飾キーのように持っている機能が有効になります。ショートカットキーとして使われることはありません。

こんな説明をされても、パソコンを操作している自分にロックキーがどう関わってくるのかピンときませんよね。では、こんなことで困った経験はありませんか？

テンキーが付属しているキーボードを使っていて、急にテンキーから数字が入力できなくなった！ 文字キーからでも数字は入力できるので、素知らぬふりして仕事を続けているけれど、どうしてだろう？ はい、これは [Num Lock] キーがオフの状態になったからです。オンの状態なら、テンキーから半角の数字が入力できます。ユーザーが意識しないうちに [Num Lock] キーを押してしまうと、途端に数字の入力ができなくなります。テンキーはオフに切り替わると、カーソルキーとして動作します。オンに戻したいときは、[Num Lock] キーを一度だけ押しましょう。

また、今まではアルファベットは小文字で入力できていたのに、急に大文字になってしまったことはありませんか？ この状態になって一番困るのは、パスワード入力画面で「いくら正しい文字列を入力しても正しくないと拒否されてログインできない」というときです。むしろログインできない状態になってはじめて、文字入力がいつもと違うことに気づく場合もあります。これは [CapsLock] キーが押されてオンの状態になり、すべて大文字入力に切り替わっているためです。小文字での入力に戻したいときは、[Shift] キーを押しながら [CapsLock] キーを同時に押しましょう。

キーボードにもよりますが、ロックキーのオン・オフは、テンキーの上部のランプで確認することができます。[Num Lock] や [CapsLock] キーがオンの状態

では、どの部分のランプが点灯するか、自分のキーボードの仕様を確認しておきましょう。通常は数字(「1」となっているタイプが多い)が入っているマークは[NumLock]、「A」の文字が入っているマークは[CapsLock]の状態を示すランプです。

ロックキーの存在を知っておけば、すぐに解決できることですが、知らなければ、いつまでも困った状態のまま仕事が進まず生産性は低下するばかり。そんな事態にならないよう、これらのキーの存在は覚えておいてくださいね。

一番に覚えたいショートカットキー「コピー&ペースト」

ショートカットキーを覚えよう、マスターしようと思っても、その利点を実感しなくては、なかなか前進しないものです。まだ一度もショートカットキーを使ったことがない人は、まず「**コピー&ペースト(貼り付け)**」にトライしてみましょう。

コピー&ペースト

パソコンを使って文書を作成していると、メールの文面やWebページのテキストをコピーして、Word文書など自分が開いているウィンドウに貼り付けて流用する、ということはよくありますよね。コピーしたい文字列をマウスでなぞって反転させて選択したあと、どうしていますか?

選択した部分を右クリックして表示されるメニュー、もしくはウィンドウの上部にある[編集]メニューをクリックして[コピー]を選択してコピーが完了。それから別ウィンドウ内で貼り付けたい場所をマウスでクリックしてカーソルを表示させ、そこで右クリックしてメニューから[貼り付け]を選択するか、もしくは再度ウィンドウの上部の[編集]メニューをクリックして[貼り付け]を選択することで、コピーしたものをペースト(貼り付け)して、すべての作業が終了となり、ホッとひと息。はい、お疲れさまでした!

こうして一連の操作を文章で表すと、なんだかすごく作業をしたよう見えますが、実際には選択した文字をコピーして、他のウィンドウに貼り付けるだけのことです。

これをショートカットキーで行うと、こうなります。**コピーしたい文字列をマウスでなぞって反転させ、[Ctrl]+[C]キーを押せばコピーは完了。次に貼り付け**

たいところにマウスでカーソルを移動させて、[Ctrl]＋[V]キーを押すとコピーしたかった内容がペーストされます。

わ、コピーして貼り付けるまで1〜2秒しか掛からない！ メニューを選択する手間がないから、あっという間だ。これは覚えると、むちゃくちゃ便利です。

一度ショートカットキーの醍醐味を知ると、使わずにはいられなくなるよ。知らなかったことを後悔するくらい便利な機能だからねっ。どんどん覚えていこう！

column
テキストを上手に選択したいとき

　テキストをコピーしたいとき、まずコピーしたい文字列をドラッグして選択状態にします。「ドラッグ」とは、マウスでクリックしたところから、そのままズルズルと引っ張り続けると文字上に色のついたラインが現れることで選択した状態となり、マウスボタンから手を離したところで選択が終わる、という操作です。
　このドラッグがうまくいかず、思うようにテキストを選択できないとイライラしますよね。そこで、ちょっとしたワザを紹介しましょう。文字列のなかで、一部分だけをマウスクリックで選択する、というやり方です。
　たとえば「唯野司」の「野」の前にカーソルを置いてダブルクリックすると、「唯野司」が選択されます。また「これは123456です」という一文のうち、数字の「3」前にカーソルを置いてダブルクリックすると「123456」だけが選択されます。
　日本語は漢字、カタカナ、仮名そして数字や記号で構成されます。隣り合った同じ種類の文字は"仲間"と見なされるようで、カーソルの前後の文字から判断して、ダブルクリックによる一括選択が可能です。
　また、長い文章を選択したいとき、文中にカーソルを合わせてトリプルクリック（マウスボタンを3回、カチカチカチと押す）をすると一文だけ、もしくは一段落がまとめて選択されます。
　ダブルクリック、トリプルクリックで、どういった文字列が選択されるかは、アプリケーションソフトによって異なります。紹介したように選択できない場合もありますが、Wordやブラウザーでは可能ですので、ぜひご活用ください。
　また、文章のなかの一文を選択するとき、任意の場所から右ドラッグしていると、句読点や改行されるところまで一気に選択されてしまうときは、必要な箇所の末尾の文字にカーソルを合わせて左にドラッグすると上手く選択されます。横並びの文字を選択するときは、右にドラッグする人が多いようですが、お試しあれ。

文章作成に活用したい、お勧めショートカットキー

コピー＆ペーストを覚えたら、文章作成にはバンバン使っていきたいもの。とはいえ、コピーする前に文字列を選択するのにマウスで文頭を指定したり、ドラッグしたりでは、「結局、マウスでの操作ばかりで、さほど効率が上がらない」と感じることになります。

 文章の選択がたどたどしいと、コピー＆ペーストだけが素早くできても効率アップにならないもの。必要な文章をサクッと選択できるショートカットキーもあわせて覚えておこうね。

作業のスピードアップを考えると、できるだけキーボードから手を離さず操作をすることがポイントとなってきます。それを実現するためのショートカットキーの数々を紹介しましょう。

すべてを選択する

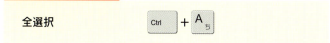

全選択　Ctrl + A

すべての文章をそっくりそのままコピーして編集することは、意外と多いものです。そのとき、マウスでドラッグして全部の文章を選ぶとなると、短い文章ならいざしらず、何十行何百行となるとドラッグするだけで大変！ あまりに量が多かったり、空白の行が入っていると後ろの行を選択し忘れることもあります。

そういったミスを防ぐのが、**全選択を行う**[Ctrl] + [A]**キー**です。これで選択し忘れる行はなくなります。ちなみに、いったん選択したものを解除するときは、選択されていない空白部分をクリックするだけです。

任意の文字列を選択する

文字の選択　　　　Shift + → あるいは ←
文字ブロックの選択　Ctrl + Shift + →、←、↑、↓

文字列を選択するとき、文頭でマウスの左ボタンを押してドラッグします。このドラッグという操作が意外とうまくいかないときがあります。選択したい文章以上のものが選ばれてしまったり、うっかり最後の1文字を選択し忘れたり。

たとえば顧客名簿を作成しているとき、元データの「山田太郎」という名前を選

択ミスして「山田太」までしかコピーしていなかったら、どうでしょう？「やまだたろう」という人は存在せず、「やまだふとし」という名前が顧客名簿に記載され、正しいデータではなくなってしまいます。

　文字列を確認しながら選択したいときは、文頭にカーソルを置いて[Shift]＋[→]キーを押すと、カーソルから矢印の方向に1文字ずつ選択されます。右方向に選択していて、誤って1文字多く選択した場合は、反対方向の[←]キーを押すと選択が1文字ずつ解除されます。

　また[Ctrl]キーを加えて[Ctrl]＋[Shift]＋[→]キーを押すと、漢字や数字など同じ種類と判断された文字列がブロックごとに選択されます。

　ちなみに[Shift]＋[↑]、[↓]キーになると、[↑]ならカーソルの場所から手前の一文、[↓]ならカーソルの場所から先の一文が選択されます。

カーソルの位置から選択

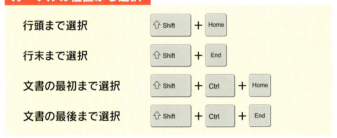

　文章をまとめて選択したいとき、カーソルの位置を拠点にして一気に選択することができます。選択する拠点となる場所にカーソルを置き、[Shift]＋[Home]キーを押せばその行の先頭までが、[Shift]＋[End]キーを押せば行末までが選択されます。また、これに[Ctrl]キーを加えると、カーソルから文書の最初まで、もしくは最後までが一気に選択できます。

マウスで一文をドラッグすると、先頭や最後の1文字が選択されていないことがあったなぁ～。そんなミスも防げそうだ。うん、これは確実性を上げるのにも使えるショートカットキーですね。

　最後に、筆者が文章を作成しているとき、これらのショートカットキー以外に使っている操作を紹介しておきます。

　文章の中で「ココからココまでの文字を選択したい」という場合、選択したい文頭にカーソルを置いた状態で、[Shift]キーを押しながら選択範囲の最後の部分をマウスでクリックすると、その間の文字列が選択されます。単純に、必要な文章をまとめて選択したいときには便利です。

column

まったくマウスを使わず、文章を作成していけるのか？

　通常、なんらかの文書を作成するときは、さほどマウスは使いません。キーボードからガシガシ、文字を入力するだけです。

　マウスが必要になるのは、編集作業を行うときでしょう。その際でも、まったくマウスを使わずに操作することは可能です。キーボードの矢印キーを使えば、カーソルを上下左右に移動させることができます。なお、マウスを使わずにファイル操作を行う手順については後述（参照 P.104）します。

　パソコンでの作業効率を上げるため"できるだけマウスに手をのばさない"というのは、確かに一案ですが、だからといって「マウス操作はすべて効率が悪い」と断言するのは考えものです。

　パソコンはあくまでも道具ですので、ユーザーのやりやすい操作法で効率を上げていけばよいのです。効率向上が最優先だからと、マウスをまったく使わないと決意する必要はありません。キー操作がさほど得意でない人にとっては、マウスなしの環境なんて、苦痛にしかならないでしょう。パソコンに苦手意識を持ってしまうと、なかなか作業効率は上がりません。

　ショートカットキーは確かに便利な機能ですが、全部使いこなさなくてはいけない、という代物ではありません。"カーソル合わせはマウスでクリック、文字列の選択はショートカットキーで"ということもアリです。いろいろ試してみて、自分にとってもっとも適した操作法を見つけるようにしましょう。

実は、このショートカットキーが一番使用頻度が高い！

　ショートカットキーは無数にあれど、もっとも使用頻度が高いものはどれでしょう？ ズバリ、2つあります。それは「上書き保存をする」と「ひとつ前の操作に戻る」ためのキーです。

うっ、どちらもメニューから選択していました。これって、間違いなんですか?

間違いではないけれど、パソコン初心者の領域かな〜。"できるビジネスパーソン"を目指すなら、この2つのショートカットキーは絶対にマスターしておこうね。

上書き保存をする

上書き保存　　[Ctrl] + [S と]

ビジネス文書、メール、PDFの資料ファイルなどなど、仕事ではさまざまなファイルを作成しますが、==忘れてはいけないのが「上書き保存」をすること==です。

アプリケーションソフトを起動して、ウィンドウにさまざまなデータを入力しても、ファイルとして保存(詳しくいえば、ハードディスクやSSDなどの記憶メディアに書き込む作業)しない限り、ディスプレイに映し出されたモノでしかありません。最初に上書き保存を実行しようとすると、必ずWindowsが「どこに、何という名前で、どんな種類のファイルとして」保存するのかを尋ねるダイアログが開きます。この操作については後述(参照 P.124)しますが、いったん保存場所を決めて、ファイルとなったものは一安心。単なるデータではなくファイルとして存在おり、これ以降は、どんどん内容を更新していくことができます。具体的には、文字を追加したり、画像を加工したり、数値データをグラフ化したりといったことです。

こういった操作を続けるなか、忘れてはならないのが==「あとから更新された内容は、ファイルに書き込まれていない」==という点です。==ある程度、内容を更新したら必ず上書き保存を実行==しましょう。その操作が一発で行えるのが、==[Ctrl]+[S]キー==のキー操作です。

ショートカットキーを使わない場合は、[ファイル]メニューを開いて[上書き保存]を選ぶことになりますが、マウスで行うこの操作は作業の手をいったん止めることになり、ムダな導線を踏むことになります。最低でも5秒は掛かる操作をショートカットキーなら1秒で完了できます。

ひとつ前の操作に戻る

元に戻す　　[Ctrl] + [Z っ]

作業をしている途中で失敗したときに重宝するのが、「今やった操作を取り消して、元の状態に戻す」という機能です。アナログの書類なら、書き間違えると線を引いて訂正印を押して……と、実に面倒な作業となりますが、パソコンでは一瞬で"なかったこと"にしてしまえます。

今、実行した操作を取り消して、元の状態に戻したいときは、[Ctrl]＋[Z]キーを押しましょう。何回前まで戻せるかはアプリケーションソフトによって異なりますが、最低でも1回は元に戻せます。

ショートカットキーを使わない場合は、[編集]メニューを開いて[元に戻す]を選ぶことになりますが、これも「上書き保存」と同様、ショートカットキーを使ったほうが1秒で元に戻りますので、お勧めです。

column

"取り消し"を"取り消す"ショートカットキー

元に戻すショートカットキーと合わせて覚えておくと便利なものに、[Ctrl]＋[Y]キーがあります。これは「元に戻す前の状態に戻す」という操作、いわば「取り消したことを取り消す」わけです。

一度編集した内容を[Ctrl]＋[Z]キーを使って元に戻したあと、「やっぱり、や〜めた」という場合、[Ctrl]＋[Y]キーを押すと元々の状態に戻ります。このショートカットキーは「繰り返し」「やり直し」とも呼ばれます。アプリケーションソフトによっては使えない場合もありますので、事前に確認しておきましょう。

効率良くマスターするには
[Ctrl]キーに注目しよう

　仕事を行うなかで実践しやすいショートカットキーから紹介していくと、<mark>[Ctrl]キーと何らかのキーを組み合わせる</mark>ものが目立ちます。そうです、[Ctrl]キーはキーボードの左下に位置しており、別のキーと組み合わせても片手で押しやすいキーなのです。

　そして、組み合わせるキーですが、<mark>操作を意味する英単語の頭文字が使われている場合が多い</mark>ことにも注目です。たとえば、上書き保存のショートカットキーは「Save（保存する）」に由来していますので、[Ctrl]＋[S]キーとなっています。

　すべてのショートカットキーに意味付けがあるわけではありませんが、意味が合うものは覚えやすいでしょう。すでに紹介したものも含めて、下記のようなものがあります。実際に試しながら、確認してみてください。

　すべてのショートカットキーに意味付けがあるとは限らないの。でも、意味が合うものは覚えやすいでしょ？ 実際に試しながら、確認してみてね。

[Ctrl]キーとの組み合わせ（意味付き）

Ctrl ＋ A (ち)	すべてを選択する（All）
Ctrl ＋ S (と)	上書き保存（Save）
Ctrl ＋ F (は)	検索する（Find）
Ctrl ＋ C (そ)	コピーする（Copy）
Ctrl ＋ O (ら)	開く（Open）
Ctrl ＋ N (み)	新規作成（New）
Ctrl ＋ P (せ)	印刷する（Print）

　これらの操作は、いずれもメニューに用意されています。一例としてWindows付属の『メモ帳』を見てみましょう。ウィンドウの左上にある［ファイル］メニューや［編集］メニューを開いてみると、メニュー項目の横にショートカットキーが表示されています。マウスを使ってメニュー項目を選んでも、ショートカットキーを使っても同じ操作ができます。ショートカットキーを忘れてしまったときは、この

メニューで確認してもよいでしょう。

左手で[Ctrl]キーを支点に操るゆえの妙味

　今度は[Ctrl]キーとその周辺のキーに注目してみましょう。

　最初に"一番に覚えてほしい"と紹介した「コピー&ペースト」の[Ctrl]＋[C]キーと[Ctrl]＋[V]キーを押すショートカットキーを実際に連続してやってみてください。[Ctrl]キーを左手の小指で押さえ、それを支点にして、まず人差し指で[C]キーを押せばコピーは完了、そのまま[Ctrl]キーから指は動かさず、カーソルの位置を移動してから人差し指をスライドさせて[V]キーを押せば貼り付けが行われます。この間ほんの2、3秒程度。これを覚えてしまうと、左手の操作が効率アップのポイントであることに気づきます。

実際にやってみると、左手の操作が心地よいですね。

そうよ。指がキーの位置を覚えてしまうと、編集作業がとても楽になるの。

　次に「切り取って、貼り付けて、気に入らなければ元に戻す」という一連の操作もマスターしましょう。ショートカットキーは、次ページのとおりですが、この3種は操作の意味と文字キーの頭文字は一致しません。「切り取り」は「Cut」ですが[C]キーはコピーで使われますので[X]に、「貼り付け（Paste）」や「元に戻す（Undo）」の頭文字とは異なる[V][Z]キーをショートカットキーとして組み合わせます。

3　スピーディーな操作が仕事の効率をアップさせる

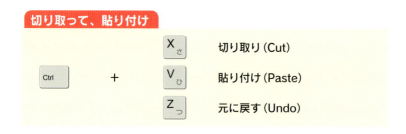

　ビジネスに関する文章に限りませんが、文中に同じ言葉を何度も繰り返して使うと、冗長な表現となって印象が悪くなります。わかっていても、コピー＆ペーストを使って編集していると、気づかないうちに同じ言葉を何度も使ってしまいがちになります。

　そこで該当の言葉をまず「切り取り」、そして別の場所に「貼り付け」てみて、文章を見直してダメだなと思えば「元に戻す」という操作を［Ctrl］キーを支点に、［X］［V］［Z］キーと押し替えながら実行していきます。

　この3つのキーは、［Ctrl］キーから近い位置にありますので、苦もなく押すことができます。もしこれが、操作の単語の頭文字から［P］や［U］キーと組み合わせていたら、どんなに左手が大きな人でも指が届かないですよね。あくまでもショートカットキーは、操作性をアップするワザなので、このように振り当てられた文字キーには意味を伴わないこともあるわけです。

　ここで注意！「切り取り」を行うことで"削除された部分が不自然になっていないか？"は、ちゃんと確認しておこうね。

　左手の操作に慣れてくるとスピードがアップする分、確認する能力も同時にスピードアップしなくてはダメなんですね。

　コピー＆ペーストを駆使することは、表現が冗長になる危険性はあるとはいえ、データの欠損は起こりません。一方、「切り取り」を実行した箇所は、その部分のデータはなくなっています。必要ない部分であればよいのですが、たとえば顧客名簿を別のファイルに作り直しているとき、切り取った人のデータをうっかり貼り付け忘れてしまうと、その人は名簿から外れてしまいます。

　ショートカットキーの多用で効率がアップしても、こういったうっかりミスによるトラブルを起こさないよう、重々注意しましょう。

　余談ですが、［Ctrl］キーは、他のキーと組み合わせて使うキーですので、単体で押し続けていても何ら問題はありません（というか、何も変化は起きません）。

ショートカットキーを覚え始めた頃は、複数のキーに指を伸ばすのがスムーズにいかずに戸惑ってしまうかもしれませんが、[Ctrl] キーは押し続けていても大丈夫ですので、ゆっくりと組み合わせるキーを選んでください。

なお、[Alt] キーや [Shift] キーも同様です。

column
キーボードの文字配列に意味はあるか？

　キーボードに刻印されている文字を見ると、アルファベット順でもないし、つなぎ合わせて意味のある単語になるわけでもない。そのため、配列順を覚えようにも覚えられない……。はじめてパソコンに向かったとき、誰もがキーボードの文字配列には疑問を持つものです。

　キーボードにはASCII (US) 配列とJIS配列があり、特殊記号のキー位置は異なりますが、英数字のキー配列は共通しています。キーボードの2段目の左端から英字を読むと「Q、W、E、R、T、Y」となっています。これにより配列名は「QWERTY（クワティもしくはクワーティ）配列」と呼ばれています。

　QWERTY配列はタイプライターで使われていたものです。1800年代の終わり、タイプライターを発明したクリストファー・ショールズ氏が考案した配列ですが、これにはどんな意味があるのか？　実は誰にもわかりません。ショールズ氏がこの件について何も言い残さなかったため、この配列は永遠の謎なのです。

　一説では当時のタイプライターが、キーを押すと印字バーが動いて紙に印字される構造になっているため、「あまり速くキーを押されると、最初の印字バーが元の位置に戻る前に次のバーが動き始めることになり、2つのバーが絡まってしまう。そうならないために、よく使う組み合わせのキーはできるだけ離して、キー入力のスピードをダウンさせている」といわれています。一方、タイプライターを熟知している人は「いくらキー入力が速くなっても、印字バーが絡まるなんて、あり得ない」と反論していますので、やはり確かなこととは言い難いようです。

　ということで、この配列に意味を求めることはやめて、キーの位置は身体で覚えていく覚悟をしましょう。

作業中のウィンドウ操作を
スピーディーに行いたい

　複数のウィンドウを開いて作業しているとき、ウィンドウの配置を変えたり、アクティブな（重なったウィンドウのなかで、一番上に表示している）状態のウィンドウを切り替えるときに、マウスで操作しようとキーボードから手を離すと、どうしても作業の流れが途絶えてしまいます。これを解消するためのショートカットキーを紹介しましょう。

Windows10ではマルチタスク機能が強化されているの。だからこそウィンドウの切り替えは素早くやって、その機能を堪能できるようになろうね。

ウィンドウの切り替えなんて、不要なやつをマウスでズリズリ引っ張って、画面の端にやることしか知らないです。ぜひ、教えてください！

　ウィンドウの操作の要になるのは、[Windows]キーと呼ばれる、Windowsロゴのマークが刻印されているキーです。このキーと文字キーなどを組み合わせていきます。

作業中のウィンドウ以外を最小化する

作業中のデスクトップ ウィンドウを除くすべてのウィンドウを最小化する

　仕事を進めているうちに、いろいろなアプリケーションソフトを立ち上げて次々とウィンドウを開いてしまうため、ウィンドウが重なり合って画面が見にくくなる、ということはありませんか？
　そんなときは作業しているウィンドウ以外、開いているウィンドウを全部最小化してスッキリさせましょう。[Windows]+[Home]キーを押すとアクティブなウィンドウを残して、すべてのウィンドウは最小化されます。再度、同じキーを押すと元の状態に戻ります。

■ 一瞬でアクティブなウィンドウ以外は最小化される

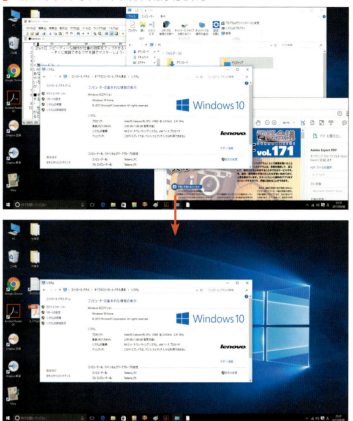

すべてのウィンドウを最小化する

デスクトップを表示または非表示にする　

　デスクトップにショートカットを置いている場合、複数のウィンドウを開いていると姿が見えなくなって操作ができません。ウィンドウを一つずつ閉めていくのは面倒ですよね。
　そんなときは、[Windows]＋[D]キーを押すと、一気にすべてのウィンドウを最小化することができます。必要な作業が終わったら、再度[Windows]＋[D]キーを押せば、元の状態に戻ります。画面を散らかして仕事をする人には、お勧めです。

すべてのウィンドウをサムネイル表示する

タスクビューを開く　■ + Tab

　次々にウィンドウを開いていくと、いつの間にか何のウィンドウを開いていたのか自分でもわからなくなる……。仕事に夢中になっていると、そんな場面も出てきます。

　そこでWindows10から新たに搭載された「タスクビュー」機能をショートカットキーで実行しましょう。[Windows]+[Tab]キーを押せば、瞬時に開いているウィンドウがサムネイル形式で表示されます。作業したいウィンドウをマウスでクリックすれば、そのウィンドウがアクティブな状態に画面が切り替わります。

■すべての開いているウィンドウがサムネイル表示される

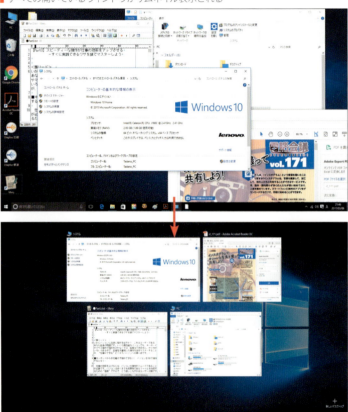

開いているウィンドウを画面の右(左)に固定する

ウィンドウを右(左)に固定　　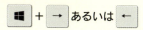

ウィンドウが画面の中途半端な位置にあると、どうも見にくいというとき、ウィンドウを右(もしくは左)に寄せて固定してみましょう。**2画面を並べてデータを比較するときは、この手法はとても便利**です。

［Windows］+［→］キーを押すと、アクティブなウィンドウが画面の右半分に固定されます。この状態で、［Windows］+［←］キーを押すと、一度目は元の位置に戻り、二度目で画面の左半分にウィンドウが移動します。

なお、任意のウィンドウを開いた状態で、［Windows］+［←］キーを押すと画面の左半分に固定されます。

▎ウィンドウを画面の右に固定させる

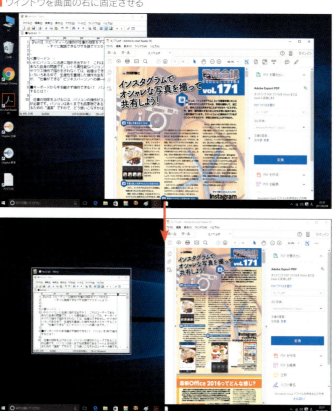

開いているウィンドウを最大化（最小化）する

ウィンドウを最大化（最小化）する　　⊞ + ↑ あるいは ↓

　ウィンドウの最大化・最小化もショートカットキーを使えば、一瞬で行えます。
　［Windows］＋［↑］キーを押すとアクティブなウィンドウが**最大化**され、この状態で、［Windows］＋［↓］キーを押すと、**一度目はもとの大きさに戻り、二度目でウィンドウが最小化**されます。
　なお、任意のウィンドウを開いた状態で、［Windows］＋［↓］キーを押せば、そのウィンドウは最小化されます。

開いているウィンドウを順番に切り替える

ウィンドウを順番に切り替え　　

　たとえば、Wordで企画書を作成しているとき、ブラウザーを開いてネット上の情報を見ながら、メールで送られてきた指示を確認という具合に、複数のウィンドウを並行して見比べながら作業をする際、［Alt］＋［Tab］キーのショートカットキーを使ってウィンドウの切り替えを行ってみましょう。
　［Alt］＋［Tab］キーを押すと、画面中央に帯状のエリアが表示され、そこに開いているウィンドウがサムネイル化されて並びます。**［Alt］キーを押したまま、［Tab］キーを押すと、選択されるウィンドウが左から順番に切り替わります**。使いたいウィンドウのところで両方のキーから手を離すと、選択したウィンドウがアクティブの状態のデスクトップが表示されます。

■サムネイル表示させて、使いたいウィンドウを選択

［Windows］キーの隣にある［Alt］キーを使うショートカットキーですが、ウィンドウの切り替えをスピーディーに行うには、とても役立ちます。

アクティブなウィンドウを順番に切り替える

アクティブなウィンドウを順番に切り替え　

ついでに、もう一つ覚えておくと便利なショートカットキーを紹介しましょう。「開いているウィンドウの数が少ない」「特に内容を見比べる必要がない」など、サムネイル表示をする必要がなければ、この手法のほうがお勧めです。<mark>［Alt］キーを押した状態で［Esc］キーをポンポンと押し続けると、次々にアクティブになるウィンドウが切り替わります</mark>。必要なウィンドウが選ばれたところで［Alt］キーから指を離せば、すぐに作業を行えます。

ファイルやフォルダーの操作をサクッと行いたい

　仕事でパソコンを使っていると、単にファイルの作成が早ければ、作業がスピーディーに進むわけではありません。作成したファイルの整理、そして管理がしっかりできていないと、必要なファイルを見失うことによる時間のロスが生じます。
　たとえば、ファイルやフォルダーの名前が適切でなければ、保存した場所を失念したとき、検索して探し出すことが難しくなります。

　必要なファイルをいつでもサッと開けるように"整理整頓"をしておく。これって当たり前のことのようだけど、できていない人って案外多いからね。

　僕も整理整頓は苦手です。地味な作業だけど、日頃からやっておかないから大事なときにあわてちゃって、カッコ悪いな……と思っていたんです。よし、マスターするぞ！

　いかにファイルを管理するかのノウハウについては、第4章で詳しく解説します。ここではファイルやフォルダーの操作をするとき、役に立つショートカットキーを紹介しましょう。

新規フォルダーを作成する

新規フォルダーの作成　　Ctrl ＋ Shift ＋ N

ファイルを作成するとき、もしくは作成したあと、格納するフォルダーがなければ、新規に保存するフォルダーを作ります。

新規フォルダーの作成方法は複数あります。なかでもポピュラーなのは、作成したい場所の何もないところをマウスで右クリックしてメニューを表示させて、[新規作成]→[フォルダー]を選択する方法です。この方法もアリですが、ショートカットキーを使えば、マウスに手を伸ばす必要がなくなります。

フォルダーを作成したい場所を開いて、**[Ctrl] + [Shift] + [N]キーを押すと新規フォルダーが作成されます**。これは新規ファイルを保存するときに開く[名前を付けて保存]ダイアログを開いた状態でも有効です。

ファイルやフォルダー名を変更する

ファイル・フォルダー名を変更する　　F2

ファイルやフォルダー名を変更したいのに、誤ってアイコンをダブルクリックしてしまうとファイルが開いてしまいます。

これを避けるには、[F2]キーを使いましょう。マウスで任意の**ファイルもしくはフォルダーをクリックして[F2]キーを押すと、名前を変更できる**ようになります。

■[F2]キーを押すと、すぐに名前を変更できる

ファイル名を順々に変更していく

続けてファイル名を変更する　　F2 → Tab

同じフォルダー内にあるファイルの名前を次々に変更したいとき、最初のファイルを選択した状態で**[F2]キーを押して変更し、そのまま[Tab]キーを押すと、次のファイルが選択**されます。

通常は最初のファイルの名前を変更したあとに[Enter]キーを押して確定させ、

それから次のファイルへ移りますが、[Tab]キーを使えば、**ファイルの名前変更の確定と次のファイルの選択が同時に行えます。**

必要ないファイルを削除する

ファイルやフォルダーを整理している途中で、**不要なものがあったら、[Shift]+[Delete]キーを押す**と、「このファイルを削除しますか？」というダイアログが開きます。[はい]を選択（もしくは[Enter]キーを押す）すると、そのファイルがただちに削除されます。

不要なファイルをごみ箱までドラック＆ドロップする必要がなくて「これは便利！」と思うかもしれませんが、ちょっと待った！ このショートカットキーは**ファイルをごみ箱に入れることなく、削除を行うもの**です。もし、この操作をしたあとから、「やっぱり必要なファイルだった」と思っても、ごみ箱の中にはありません。つまり、簡単には復活できないのです。実行するときは、本当に削除しても問題のないファイルであるか、十分に確認してください。

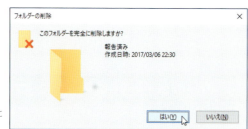

▌このメッセージに「はい」と応じると完全に削除される

ちなみに、**ファイルを選択して[Ctrl]+[D]キーを押すと、そのファイルをごみ箱に移動する**ことができます。この場合は、ごみ箱から復活が可能です。

同じアプリケーションソフト内のタブを切り替える

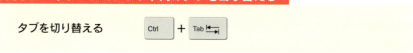

最近のブラウザーなどアプリケーションソフトによっては、同一ウィンドウ内に複数のファイルを開き、タブを切り替えて操作できるものがあります。たとえばブラウザーソフトの『Microsoft Edge』を使って、自社サイトと検索サイトの2つの

ページを表示させた状態で、[Ctrl]＋[Tab]キーを押すとアクティブになるタブが切り替わります。

　補足ですが、複数のタブを開いた状態で[Ctrl]キーを押したまま[Tab]キーをポンポンと押していくと、ウィンドウの左のタブから順番に開いてきます。2番目、3番目程度なら、この操作で十分ですが、たとえば9個のタブが開いている場合は、9回キーを押すことになり、これではマウス操作のほうが早い、ということになります。そんな場合は[Ctrl]＋[9]（数字）キーを押すと、左から9番目のタグが開きます。これもあわせて覚えておくと便利です。

同じアプリケーションソフト内のタブを閉じる

タブごとに閉じる　　

　同一ウィンドウ内に複数のファイルを開いてタブを表示させている場合、不要になったタブがあれば[Ctrl]＋[W]キーを使いましょう。**アクティブな状態のタブだけが閉じます**。この手法なら、アプリケーションソフト自体は終了しませんので、作業の終わったファイルごとに片づけることができます。

　また、アプリケーションソフトによりますが、[Ctrl]＋[T]キーを押すと、新しいタブが作成できます。

「ファイル名を指定して実行」機能を即座に使う

　Windowsには「**ファイル名を指定して実行**」という機能があります。コマンド（コンピューターに実行させる「命令」となる文字列）という特定の文字列を指定することでアプリケーションソフトを起動したり、パス（参照 P.136）を入力することで指定のフォルダーを開くことができます。

　「ファイル名を指定して実行」ダイアログの存在は、Windows10では薄れてきているけれど、知っておいてソンはないからね。

　パワーユーザーを目指す者には、注目の機能です。これ、使いこなせるようになりたかったんです。

ファイル名を指定して実行する

[ファイル名を指定して実行] ダイアログを表示する　　

　「ファイル名を指定して実行」機能は、Windows7以前の旧バージョンを使っていた人には馴染みのものでしょう。それなのに、Windows10の[スタート]メニューには、この項目がありません。
　[スタート]ボタンの横にある「何でも聞いてください」ボックスがほぼ同等の機能を持っていますので、そちらを使ってもよいのですが、やはり使い慣れた「ファイル名を指定して実行」機能を使いたい人もいるでしょう。
　そういう人は、[Windows]+[R]キーのショートカットキーを押してください。[ファイル名を指定して実行]ダイアログが表示されます。

▌[ファイル名を指定して実行] ダイアログ

　余談ですが、[ファイル名を指定して実行]ダイアログは、[スタート]ボタンを右クリックすると表示される[クイックアクセス]メニューから開くことができます。また[スタート]メニューから表示させたい場合は、[スタート]メニュー→[Windowsシステムツール]→[ファイル名を指定して実行]を右クリックして[スタート画面にピン留めする]を選択すれば、タイル化されて表示されます。

> **column**
> ### 「ファイル名を指定して実行」を使いこなす
>
> 　アプリケーションソフトの起動やコントロールパネルの表示などが、コマンド入力のみで行える「ファイル名を指定して実行」機能は使いこなすと便利です。
> 　たとえば、調子の悪いアプリケーションソフトがすぐにわかる「タスクマネージャー」は、「ファイル名を指定して実行」機能を使えば、起動方法は至って簡単。[Windows]+[R]キーを押して[ファイル名を指定して実行]ダイアログを開き、

==「taskmgr」と入力して[Enter]キーを押すだけ==です。タスクマネージャーの起動方法は複数（代表的なのは[Ctrl]＋[Alt]＋[Delet]キーを押して、画面に表示されるメニューから[タスクマネージャーの起動]を選択、[スタート]ボタンを右クリックして[タスクマネージャー]を選択）ありますが、"キーボードから手を離したくない"ときには、この手法がお勧めです。

　他にも、「ファイル名を指定して実行」で使えるコマンドには、下記のものがあります。頻繁に使うものは、コマンドを覚えておくと便利でしょう。

　ただしWindows10では「ファイル名を指定して実行」機能よりも、[スタート]ボタンの右横にある「何でも聞いてください」ボックスの利用が、推奨されているようです。というのも、Windowsアプリのなかには「何でも聞いてください」からの起動は可能なのに、「ファイル名を指定して実行」機能では起動しないものがあります。旧バージョンのWindowsから、[ファイル名を指定して実行]ダイアログにアプリケーションソフト名を入力して起動してきた人は"未対応のアプリがある"と認識しておきましょう。

■「ファイル名を指定して実行」で利用できるコマンド一覧【Windows10対応】

コマンド	ツール
explorer	エクスプローラー
taskmgr	タスクマネージャー
mstsc	リモートデスクトップ接続
devmgmt.msc	デバイスマネージャ
appwiz.cpl	プログラムの追加と削除
control	コントロールパネル
cmd	コマンドプロンプト
winver	Windowsのバージョン情報
msconfig	システム構成ユーティリティ
calc	電卓
mspaint	ペイント
notepad	メモ帳
ncpa.cpl	ネットワーク接続
powercfg.cpl	電源オプション
shutdown /r /t 0	シャットダウン

Windowsをワンタッチで
ロックまたは終了させたい

　仕事で使っているパソコンは、社内機密がどどーんと表示されていることもしばしば。パソコンから離れるとき、作業中の画面を表示させたままでは、情報漏えいになりかねません。

それじゃあ、ディスプレイの電源を切ってしまえば、何も映らないから大丈夫、ってことですか？

ディスプレイの電源なんて誰でも入れられるから、それでは情報を守ることはできないよね。パスワードを知らないと操作ができないように、ロック画面にするかWindowsを終了させないとダメだよ。

　ロック画面にする方法は前述（参照 P.072）しましたが、ショートカットキーを使ったほうが効率的です。サクッとパスワード入力が必要な状態にしてから、パソコンから離れる習慣を身につけましょう。

ロックまたはアカウントの切り替え

パソコンをロックする　

　仕事の途中、休憩などで席を立つとき、画面はそのままの状態にしておくのはセキュリティ上、NGです。必ずロックを掛けましょう。

　画面をロックするとき、［スタート］メニューを開いて、自分のアカウントアイコンを右クリックしてメニューを表示させて［ロック］を選ぶ、なんてやり方はナンセンス！［Windows］キーを使った上記のショートカットキーでロックを掛けましょう。この操作をするのは、サインインするアカウントを切り替えるときにも使えます。

Windowsをシャットダウンする

クイックアクセスメニューを表示する　

そして［U な］キーを2回押す

　仕事が終わったら、少しでも早く帰宅したい！　パソコンはさっさと終了させた

いというのは、誰もが思うところですよね。

　パソコンをシャットダウンする手順は、［スタート］メニューを開いて［電源］をクリックして［シャットダウン］を選ぶというのが王道の手順です。このときよくやる失敗が、シャットダウンではなく再起動を選んでしまうこと。無情にも、指示どおりパソコンが再起動されますので、再度シャットダウンの操作が必要になり、「ああ、終電の時間が……」と悲鳴を上げることが二度三度。

　メニューの選択ミスを回避するためにも、シャットダウンのショートカットキーを使いたいもの。残念ながら、シャットダウンできるショートカットキーは、Windows10にはありません。そこでキー操作を組み合わせて、パソコンをシャットダウンする方法を紹介しましょう。

　まずは［スタート］ボタンを右クリックしてクイックアクセスメニューを表示させ、それから［シャットダウンまたはサインアウト］メニューを選んで［シャットダウン］を実行します。これをキーボードで実行するには、次の手順となります。

　［Windows］＋［X］キーを押し、［U］キーを押し、もう一度［U］キーを押す。これでパソコンはシャットダウンします。

　万一、マウス操作ができなくなったとき、この手法を覚えておくとパソコンを終了させることができます。

マウスが無用？
こうやればキー操作だけで実行できる

　営業や出張など、社外に出ることが多いビジネスパーソンにとって、ノートパソコンは欠かせないものです。持ち運ぶ際にマウスはどうしても邪魔になるし、かといってタッチパッドは使いにくくて苦手という人も意外と多いものです。

　　　よし、キー操作だけでパソコンを動かしてみよう！

　　　えっ、そんなことできるんですか？

　「マウスが必要ないなんて……」と、驚くなかれ。これまで紹介してきたショートカットキーをはじめ、特殊キーを活用すれば実現できます。デスクトップ型のパソコンしか使わない人でも、マウスに手を伸ばす回数を減らして、作業の効率化を図ることもできますし、万一マウスが壊れて使えないといったトラブル時には役に

立ちます。マウスを使わない操作を試してみてください。

メニューを表示させる

ファイルやウィンドウなどのメニューを表示

アプリケーションソフトによって異なりますが、<mark>[Alt]キーを押すと、メニューが表示されます。</mark>

『メモ帳』のようなアプリケーションソフトでは、[Alt]キーを押すと[ファイル]メニューが選択状態になり、[↓]キーを押すとメニュー一覧がプルダウンします。さらに[↓]キーを使って、行いたい処理の項目を選択して[Enter]キーを押すと実行されます。

また『ワードパッド』のようにリボン形式のものは、<mark>[Alt]キーを押すと項目の上にアルファベットが表示されます。行いたい処理の英字キーを押すと実行されます。</mark>これはWordやExcelなどOffice系のアプリケーションソフトも同様です。

余談ですが、Altは「Alternate」の略称で、「オルト（アルト）」呼ばれます。「代わりの」「代替の」という意味があります。

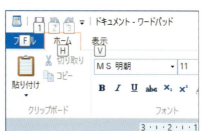

表示されたアルファベットのキーを押すことで処理が実行される

コンテキストメニューを表示する

コンテキストメニュー（右クリックしたとき表示されるメニュー）を表示する

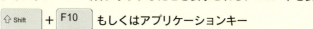

マウスを使わないのなら「マウスの右ボタンをクリックして表示されるコンテキストメニューは、どうやったら表示されるのか？」と疑問に思いますよね。キーボードによって記号の形は異なりますが、書類のようなマークの付いた<mark>「アプリケーションキー」、もしくは[Shift]＋[F10]キーを押す</mark>と、アクティブな状態にあるウィンドウのコンテキストメニューが表示されます。

キーボードの
アプリケーションキーの例
（機種により異なる）

マウスがなくても
コンテキストメニューは
表示できる

 パソコンの操作にマウスは絶対必要ではないの。仕事の効率化を考えると、キーボードだけで操作ができる能力はポイントが高いんだな～。

 キーボードだけで操作するって、ちょっと憧れますね。挑戦したいけれど、どうやればよいのか、わかりません。

　では、具体的にキー操作だけでファイルの編集を行い、パソコンを終了させるまでの手順を紹介します。ここでは例として、ドキュメントフォルダーに保存したテキストファイルを『ワードパッド』で開き、編集して閉じるまでを説明します。

① [Windows] キーを押して、[スタート] メニューを表示します。矢印キーを使って利用したいアプリケーションソフトを選択します。上下左右の矢印キーを使って、[スタート] メニューの中に表示されているメニュー項目を選択できたら [Enter] キーを押します。
　[スタート] メニューの項目やタイルにワードパッドが表示されていないなら、アルファベット順にならぶ項目から『Windowsアクセサリー』を選んで [Enter] キーを押し、さらに「ワードパッド」を選んで [Enter] キーを押します。もしくは [何でも聞いてください] のボックスに「ワードパッド」と入力すると検索結果に表示されます。
② ワードパッドが開いたら [Alt] キーを押します。すると、メニュー項目アルファベットが表示されます。ここに示される文字をキー入力すると、その項目が実行されます。ここでは報告文のテキストファイルを開きたいので、[F] キーを押し、次に [O] キーを押します。
③ [開く] ウィンドウが表示されますので、開きたいファイルが入っているフォルダーを矢印キーを使って選択して [Enter] キーを押し、同じ手順で開きたいテキストファ

イルを選択して［Enter］キーを押します。

［開く］ウィンドウ内で、矢印キーではうまくフォルダーを指定できないときは、［Tab］キーを使ってみましょう。選択するアイテムが切り替わっていきますので、アクセスしたいフォルダー（ここではドキュメントフォルダー）が選択されるまで押し続けましょう。

④ファイルの編集が完了したら、上書き保存のショートカットキーもしくは［Alt］→［F］→［S］キーを押して保存を実行し、［Alt］＋［F4］キーを押してアプリケーションソフトを終了させます。

⑤作業が終わったら、Windowsをシャットダウンするショートカットキー（［Windows］＋［X］キーを押し、［U］キーを二度押す）を使いましょう。

ここまでひととおりやってみると、自分自身の仕事で必要な"準備"が見えてくると思います。第2章で紹介したショートカットの作成や［スタート］メニューのカスタマイズを行い、仕事をスピーディーに開始できる準備が整っていれば、最低限の矢印キーでの操作によって、ファイルを開くことが可能となります。

せんじ詰めれば、**仕事の効率化とは**「**ユーザー自身がパソコンの使い方に工夫を凝らすこと**」といえるでしょう。

このキーが持つ機能も知っておきたい

代表的なショートカットキーを使うことに慣れてくると、マウスに手を伸ばす頻度が減ってきて、ムダな動きが軽減され作業効率が上がってきたように感じ始めるでしょう。

他にも覚えておくと便利なショートカットキーはたくさんあるの。なかでもキー単体で操作はできるものは何かと重宝するからね。

業務で使えるものから、積極的に取り入れたいです。

ここでは、キー単体で行える操作について紹介します。すべてのキーを覚える必要はありませんので、いろいろ試して日頃の業務に活用できるキー操作から導入してみましょう。

入力キー	操作
Delete	カーソルより後ろの文字を削除する／ファイル、フォルダーをごみ箱に入れる
Back space	カーソルより前の文字を削除する／開いているウィンドウのひとつ前のページに戻る
ESC	作業を中断する
半角/全角 漢字	日本語入力と英数字入力の切り替え
F1	アクティブなアプリケーションソフトのヘルプを表示する
F2	選択したファイル・フォルダーの名前を変更する
F3	検索フォームの表示
F4	開いているウィンドウのアドレスフォームの表示
F5	開いているウィンドウを最新状態に更新する
F6	IMEで文字入力の際、ひらがなに変換
F7	IMEで文字入力の際、全角カタカナに変換
F8	IMEで文字入力の際、半角カタカナに変換
F9	IMEで文字入力の際、全角英数字に変換
F10	IMEで文字入力の際、半角英数字に変換
F11	ブラウザーを全画面表示にする／しない
F12	Office系ソフトの［名前を付けて保存］ウィンドウが表示

　キーボードの上部にある［F1］から［F12］のキーは「ファンクションキー」と呼ばれ、それぞれが独自の機能を持っています。
　なお、アプリケーションソフトによっては、ファンクションキーに独自の機能を割り当てているものがあります。その場合は、上記の一覧表にある操作とは異なりますので、ヘルプなどで詳細を確認してください。

ショートカットキーを自分で作成したい!

ショートカットキーを駆使してパソコンを操作するのに慣れてくると「自分で作成したファイルや頻繁に使うアプリケーションソフトをショートカットキーを使って一発で開いてみたい」と思うようになりませんか?

もしかして、ショートカットキーって自分でも作れるものなんですか?

そう、作れるの。ただし注意点があるから、まずはそこから押さえておこうね。

ショートカットキーはユーザー自身が作成することが可能です。ただし、注意点が二つあります。

ひとつは、**キーの組み合わせは[Ctrl]+[Alt]キーと任意のキー**、となります。そして、すでに設定されているショートカットキーの組み合わせと同じキーの組み合わせで作成した場合、そのアプリケーションソフトでは作成したほうの処理は機能しない可能性があります。その点は要注意です。

では、ショートカットキーを設定してみましょう。

① 設定したいファイル・フォルダーやアプリケーションソフトのショートカットを作成(参照 P.047)します。
② ショートカットを右クリックして[プロパティ]を選択します。
③ [プロパティ]ダイアログの[ショートカット]タブを開き、[ショートカットキー]フォームに[Ctrl]+[Alt]キーと組み合わせたいキー(ここでは一例として、[K]キー)を実際に押します。
④ 作成されたショートカットキーの組み合わせ(ここでは「Ctrl+Alt+K」)が表示されますので、確認したら[OK]ボタンを押しましょう。

▌任意のキーを押して、ショートカットキーを作成する

マウスやタッチパッドの操作を
しやすくしたい

キー入力のワザをマスターしても、マウスやタッチパッドでの操作をゼロにするのは、なかなか難しいもの。ならば、マウスやタッチパッドも自分の思うように操作できるように設定を見直してみましょう。

マウスやタッチパネルを操作したとき、自分の思うような動きをせずに「使いづらい」と感じるときも、設定の見直しは必要ね。

マウスやタッチパッドの設定を変更できるのは、コントロールパネルと［設定］画面です。基本的な部分は［設定］画面で、より詳細な設定はコントロールパネルで行います。

余談ですが、コントロールパネルは旧Windowsから引き継いだような設定ダイアログですが、Windows10から登場した［設定］画面はコントロールパネルではなかった設定項目があります。将来的には、コントロールパネルの設定機能が［設定］画面に統合されると思われます。

ここでは設定を見直すことで、操作がしやすくなると考えられる項目を紹介します。

■マウスポインターの移動する速さを変更する

マウスポインターの動きが遅い（または速い）と感じるときは、速度を変更してみましょう。

①コントロールパネルは、［Windows］＋［X］キーを押してクイックアクセスメニューを開き、［P］キーを押すと［コントロールパネル］画面が開きます。
②［ハードウェアとサウンド］をクリックし、［デバイスとプリンター］のなかの［マウス］をクリックすると、［マウスのプロパティ］ダイアログが開きます。

■コントロールパネルから「マウス」の設定を行う

③ [ポインターオプション] タブをクリックして、[ポインターの速度を選択する] のインジケーターをスライドさせて速度を変更します。[適用] ボタンを押して速度が合うか試してみて、よければ [OK] ボタンを押しましょう。

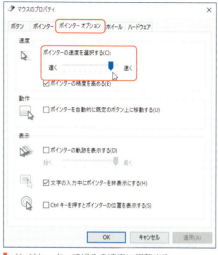

インジケーターで好みの速度に調整する

画面をスクロールする速さを変更する

マウスの「ホイール」ボタンを使うと、画面をスクロールすることができますが、この速さが遅いと感じるときは、[設定] 画面で、一度にスクロールする行数を増やすことで改善されます。

① [スタート] ボタン→ [設定] を選択し、[設定] 画面の [デバイス] をクリックします。
② 画面左の [マウスとタッチパッド] をクリックし、画面右の [一度にスクロールする行数] のスライダーを右にドラッグして、一度のホイール操作で画面がどれくらいスクロールするのか確認しながら調整をしましょう。

スライダーを使ってスクロールのスピードを調整する

余談ですが、この [マウスとタッチパッド] 画面の [その他のマウスオプション] をクリックすると、前述の [マウスのプロパティ] ダイアログが開きます。

column

ブラインドタッチができる能力は必要か？

　キーボードを見ることなく、入力画面を見ながらタイピングをする「ブラインドタッチ」能力はビジネスの場では必要か？　はい、必要です。終わり。

　これでは、キー入力が苦手な人のやる気を損なってしまいますね。

　最近はスマホでインターネットを利用する人が増えているため、キー入力に馴染みのない若い世代も多いとか。

　確かにキーボードの文字配列は頭で覚えられるようなものではなく、慣れないうちは一本指でたどたどしくキーを押すことになるでしょう。誰もが最初から、キーを見なくて入力できるものではありません。日々、練習あるのみ！

　では、どうやって練習をするか？　となりますが、タイピング練習ソフトやインターネット上にあるゲーム仕立ての練習ツールを使うのもよいでしょう。ただし、経験者から言わせていただくと、練習の入力は何度も繰り返すうちにマスターできますが、自分の頭にある文字列を入力しようとすると手がうまく動きません。ゲームソフトも同様で、ゲームはクリアできるようになりますが、なんだか違う方向の能力が磨かれていくだけで、ある程度"できる"レベルから、なかなか進歩しないのです。

　そんな壁にぶつかった人には、「好きな歌を口ずさみながら、歌詞を入力していく」という練習方法をお勧めします。これなら、頭と手がうまく連動します。指がスムーズに動くようになったら、ディスプレイ画面だけを見るようにし、ブラインドタッチができるまで頑張りましょう。

第 **4** 章

パソコンで仕事をするとは、ファイルを操作すること
〜ファイルの正体を知れば、操作の中身が見えてくる

あらゆる職場で導入されているパソコン。これを使って作成する報告書だって売り上げデータだって、み〜んな同じ「ファイル」というもの。このファイルを上手く操作することが、パソコンの仕事術では重要です。ファイルの正体を見抜ければ、どんな作業も迷うことはなくなります。この機会に、きっちり基礎を押さえましょう。

パソコンの中身は全部ファイルだ！
という真実

パソコンは手でさわれるハードウェアとさわれないソフトウェアで成り立っています（参照 P.016）。コンピューターが理解できるのは、ファイルという「0」と「1」からなるデータの固まりだけ。ファイルの状態でないものは、パソコンで読み込むことはできません。

「なぜ？」と思うかもしれないけれど、これはパソコンにおける"絶対的なルール"なの。まずは、このことを頭に入れておこうね。

職場で新品のパソコンが支給されたとします。「誰も使ったことがないのだから、中身は空っぽだよね」と思いますか？ 答えは、NOです。

電源ボタンを押すとWindowsが起動して、ディスプレイ画面にデスクトップが表示される。この状態のパソコンは、ハードディスクにOSであるWindowsのシステムファイルがしっかり保存されています。さらに業務で使うWordやExcelなどが［スタート］メニューに表示されているなら、それらのアプリケーションソフトもファイルとして保存されています。

そして、このパソコンを使って、企画書や報告書を作成したり、取引先とメールでやりとりを行っていくと、それらもファイルとしてハードディスクに保存していくことになります。ファイル、ファイル、ファイルという具合に、パソコンには何でもファイルとして保存し、それらのファイルを操作することで、あらゆる業務を遂行する、というわけです。

パソコンに保存されている「ファイル」は、自分でつくったものだけじゃない、ってことを意識しておかなくちゃいけませんよね。

パソコンで仕事をするとき、目で見ることができるキーボード、マウスといったハードウェアの使いこなしは、使用時間が長くなると人間のほうが熟練してきます。パソコンへ指示を与える操作がスムーズになれば、確かに作業効率もアップします。

一方、実体として目で見ることのないファイルは、パソコンを使えば使うほど増えてくるものですが、ディスプレイの画面を通して見るだけです。そのため、数が増加したという"質量"的な実感は薄いものです。だからこそファイルの管理を意識的に行っておかないと、必要なファイルを見失ったり、誤って削除するという事態を招きかねません。アナログでも書類が増えてきたとき、一か所に積み上げてい

たり、適切なナンバリングをしていなかったりすると、必要な書類を見失って仕事が進まなくなります。それと同様のことをパソコンの中で起こさないように、どうコントロールするかは、誰にとっても大きな課題です。

また、ユーザー自身が知らず知らずのまま操作しているファイルもたくさんあります。たとえば、電源ボタンを押すとWindowsが起動するのも、システム関連のファイルが読み込まれているからです。起動に関するファイルが壊れてしまうと、機械的な故障がなくても、Windowsが立ち上がらずパソコンを使うことができなくなる（参照 P.246）ことだってあります。

それにファイルの作成時などでは、Windowsが都合よくナビゲーションしてくれる部分があります。それは便利である反面、想定外のことが起きたときの対処が難しいというデメリットもあります。トラブルに遭遇するつど、解決方法をインターネットや書籍で調べる。その繰り返しで知識を強化していった……という、パワーユーザーは多いものです。

技術の進歩により、パソコン、いいえファイルは、特に知識がなくても使用することも作成することも簡単になっています。しかし、正確性、効率性などが重視されるビジネスの場では、行き当たりバッタリの操作では通用しません。無用なトラブルを回避し、より効率的な作業を行うためには、ファイルに関する基礎知識が必要です。

そこで第4章では、みなさんが実際にパソコンを操作していて遭遇する、ふとした疑問やトラブルをピックアップしながら、ファイルに関する基本的なルールと問題の解決法を紹介していきます。

ファイルが開かない、そのワケは？
～データファイルとプログラムファイルについて

他部署の担当者や取引先など、第三者とファイルをやりとりすることはめずらしくないでしょう。むしろ頻繁に行っている、という人が多いものです。

ファイルを共有したとき、「受け取ったファイルが自分のパソコンで開かない」って困ったことはない？

あります！　それも1回や2回じゃなく。ファイルが開かないと仕事にならず困っちゃいます。

たとえば、他部署から送られてきたメールに添付された報告書のファイルが開かず、いつまでも内容を確認できないとき。送られてきたファイルが壊れているのか、自分のパソコンに問題があるのか判断できないようでは、どう対処すればよいかわからず仕事が進みません。

まずは、ファイルの基本の"キ"の話をしましょう。
パソコン（厳密にいえばハードディスク）に保存されているファイルには、大きく分けて「プログラムファイル」と「データファイル」があります。
データファイルの正体は、その名のとおり、何らかのデータを記録しただけで、単独ではなにもできないファイルです。そしてプログラムファイルは、さまざまな命令を実行するデータを持ち、ユーザーの指示に従ってデータファイルを開く役目があります。ただし、開くデータファイルがなければ役目はありません。
データファイルとプログラムファイルは、2つ揃ってはじめて力を発揮するのです。どちらもハードディスクの中に保存されていますが、データファイルとプログラムファイルは種類が異なり役目も違いますので、ユーザーが両者を間違わないようにアイコンの絵柄は同じではありません。下図は『ワードパッド』というアプリケーションソフトのデータファイルとプログラムファイルです。このように、アイコンの絵柄はなんとなく似てはいますが、まったく同じではないのです。

▌ワードパッドの
　プログラムファイル

wordpad.exe

▌ワードパッドの
　データファイル

報告書.rtf

では、パソコンの中でデータファイルとプログラムファイルがどのように動くのか、簡単なたとえ話で説明しましょう。
パソコンを構成している"三種の神器"（参照 P.023）であるCPU、メモリー、ハードディスク。これらの連携を説明するために、パソコンを事務所の中に見立てます。CPUは事務員でメモリーは作業机、ハードディスクは引き出しです。
ユーザーであるあなたが、他部署から受け取った報告書のデータファイルをダブルクリックしました。すると引き出しの中にあったプログラムファイルがデータファイルの手を引いて、作業机に出てきます。作業机の上にのったデータファイルはプログラムファイルによって編集が可能な状態になっていますので、それを事務員がテキパキ書き換えていきます。もしプログラムファイルが引き出しの中になけ

れば、そのデータファイルは案内役がいませんので、作業机の上に出てくることはできません。そうなるとWindowsが「このファイルを開く方法を選んでください」というダイアログを表示して(参照 P.118)、プログラムファイルの不在を教えてくれます。

　つまり、このダイアログが表示されたということは、あなたのパソコンに「この報告書ファイルを開くことができるアプリケーションソフトが入っていないかも？」という意味です。もっとわかりやすくいうなら、「この報告書ファイルを作成した人が使ったアプリケーションソフトが、あなたのパソコンには入っていないんじゃないか？」ということです(厳密にいえば、そうとも限らないのですが、ここでは一応そう考えてください)。

▌▌開かないファイルの開き方

　では、どうすればよいのか？　報告書のファイルを作成した人に使ったアプリケーションソフトを聞き出し、すぐに自分も同じものを購入しないといけない……なんてことは、ありません！　データファイルには「種類」があります。そしてアプリケーションソフトの多くは、複数のファイルの種類に対応しています。作成者が使ったアプリケーションソフトと同じものでなくても、対応できるアプリケーションソフトがパソコン内にすでに存在しているかもしれないので、まずは探してみましょう。

①表示されたダイアログにある[その他のアプリ]をクリックします。
②そのファイルを開くことができそうなアプリケーションソフトが一覧表示されます。そのなかから「これなら開けるかも？」と思うものをクリックして選択し、[OK]ボタンを押しましょう。

③ もしファイルが開かないときは、別のアプリケーションソフトに選択しなおして、同じ操作を繰り返してみてください。対応できるアプリケーションソフトがあれば、それが案内役となってデータファイルを開いてくれます。

▍このダイアログが表示されたら、まずは「その他のアプリ」をクリック

▍自分のパソコンにあるアプリケーションソフトのなかで対応できそうなものが一覧表示される

　すべて試したけれどファイルが開かないときは、[ストアでアプリを探す] をクリックすると、ストアアプリが起動して推奨するアプリのダウンロードを提案してきます。有料・無料とありますので、ファイルの種類をよく確認した上で、適切なアプリが見つかればダウンロードします。こうして自分のパソコンになかった必要なプログラムファイルを準備することで「ファイルを開けない」という事態が解決されます。

ファイルの種類は、どうやって判断するのか？

　ファイルが開かないワケは、自分のパソコンに対応できるプログラムファイル、いいかえればアプリケーションソフトが入っていないからです。

 どうしてWindowsは、アプリケーションソフトがないってすぐに判断ができるのかな？

 いいところに気づいたね。それには、ちゃんと理由があるよ。ファイルを知るための基本になるから、しっかりポイントを押さえていこうね。

　ファイルには「種類」があると前述しましたが、もう少し詳しくいえば「形式

（フォーマット）」というものがあります。各々のファイルがどういった形式であるかは、実はファイルの名前に書いてあります。「え？ どこに？」と思いますよね。

　通常、私たちが見ているファイル名は、正式のものではありません。==ファイルの正式名称は下記のように、ファイルの名前に「.（ドット）」、そして3文字の英数字である拡張子が付いたもの==です（拡張子はまれに2文字や4文字のものがありますが、大半は3文字となっています）。

　といわれても「自分のパソコンでは、拡張子なんて表示されていない」という人もいるでしょう。==Windowsでは初期設定で、拡張子は表示されない==設定となっています。まずは、この設定を変更して、すべてのファイル名に拡張子を表示させましょう。

■■すべてのファイル名に拡張子を表示させる

①タスクバーにあるフォルダーアイコンをクリックするとエクスプローラーが起動します。
②画面上部の［表示］タブを開いて、「ファイル名拡張子」の項目にチェックマークを入れます。すると、すべてのファイル名に拡張子が表示されます。

拡張子を表示させる

■■データファイルを開くことができるプログラムファイルを確認する

　拡張子が表示されると、そのファイルの形式が一目瞭然。では、その拡張子がついたデータファイルを開くことができるプログラムファイルは、どれなのか？ は

い、これも確認できます。

① [スタート] ボタンを右クリックしてクイックアクセスメニューを開き、[コントロールパネル] をクリックします。
② カテゴリ表示の [プログラム] をクリックし、[既定のプログラム] にある [あるファイルの種類を特定のプログラムでオープン] をクリックします。すると拡張子ごとに関連付けされている「現在の既定プログラム」が表示されます。

拡張子ごとに関連付けられたアプリケーションソフトを確認できる

　この画面に表示される内容は、パソコンごとに異なります。インストールされているアプリケーションソフトがみな違いますし、関連付けも設定によって変わります。前項で紹介した、ファイルを開くことができず「このファイルを開く方法を選んでください」というダイアログが表示されたファイルの拡張子は、この画面に表示されません。特定のアプリケーションソフトに関連付けられていない、つまり"この形式のファイルをどのプログラムファイルで開けばよいのかWindowsが知らない"ということなのです。

拡張子がないファイルを開くには？

拡張子が重要なものってわかったけれど、拡張子がないファイルって、どうなるのかな？

　拡張子がないことで、そのファイルの正体がWindowsにはわかりません。その場合、アイコンは白紙状態のものになります。あまり見かけないアイコンの絵柄ですので、「なにかおかしい。このファイルは壊れているのかも？」と思うのは、気

が早い！ファイル名が何らかの要因で変更されてしまい、拡張子が正しくないだけなら、ファイルを開ける可能性があります。

■拡張子のないファイルのアイコン

拡張子がない

このファイルをダブルクリックすると、「このファイルを開く方法を選んでください」というダイアログが開きます。ファイルの正体を知っている場合は、対応できそうなアプリケーションソフトを選択して［OK］ボタンを押してください。たとえば「このファイルは報告文が書かれている文書ファイルのはず」というように当たりがつくなら、対応できそうな『ワードパッド』を選択する、という具合です。

適当なアプリケーションソフトが見当たらない場合、［このPCで別のアプリを探す］をクリックすると、パソコンのCドライブ（参照 P.130）にある［Program Files］というフォルダーの選択画面が開きます。ここにはインストールされているアプリケーションソフトのプログラムファイルが保存されています。"自分で最適なアプリケーションソフトのプログラムファイルを探しなさい"という意味なのでしょうが、これは少々ハードルが高い要求です。

ここまできてもファイルが開かない場合、可能であれば、ファイルを作成した人に「これ、何のファイルですか？」あるいは「拡張子は何ですか？」と直接尋ねたほうが解決は早いです。ファイル形式がわかれば、ファイル名の後ろに該当の拡張子を手動で付けましょう。パソコンに対応するアプリケーションソフトがあれば、すぐにファイルは開きます。対応するアプリケーションソフトがない場合は、インターネットなどを使って入手する必要が出てきます。

■ 代表的な拡張子

こうして拡張子の存在を意識すると、「すべての拡張子の種類を知っておく必要があるのでは？」と思うかもしれません。確かに、拡張子を見てファイルの形式を判断できることは望ましいのですが、世の中には膨大な数のファイル形式があり、すべてを知っておくことは、まず無理です。仕事でよく使うファイルだけピックアップしておけばよいでしょう。ここでは代表的な拡張子を紹介しておきます。

もし見知らぬ拡張子に遭遇したときは、ちょっと警戒してください。もしかしたら新種のウイルスかもしれません（参照 P.205）。ファイルの元の持ち主に何のファイルであるか確認するのが一番ですが、それが不可能なときは、インターネットで

調べてみてください。あまりに素性のわからないファイルは、危険なファイルと判断して削除することを考えてください。

■ 代表的な拡張子

拡張子	ファイルの種類
txt	テキストファイル
csv	データをカンマで区切ったテキストファイル
rtf	リッチテキスト形式のファイル
doc	Word2003までの文書ファイル
docx	Word2007、2010、2013の文書ファイル
dotx	Wordのテンプレートファイル
xls	Excel2003までのブックファイル
xlsx	Excel2007、2010、2013のブックファイル
ppt	PowerPoint2003までのファイル
pptx	PowerPoint2007、2010、2013のファイル
mdb	Access2003までのデータベースファイル
mdw	Access2007、2010、2013のデータベースファイル
pdf	PDF形式のファイル
exe	プログラム実行ファイル

拡張子	ファイルの種類
bak	バックアップファイル
scr	スクリーンセーバーファイル
html/htm	HTMLで記述されたWebページファイル
zip	ZIP形式の圧縮ファイル
lzh	LZH形式の圧縮ファイル
rar	RAR形式の圧縮ファイル
bmp	BMP形式の画像ファイル
gif	GIF形式の画像ファイル
jpg/jpeg	JPEG形式の画像ファイル
png	PNG形式の画像ファイル
mp3	MP3形式の音楽ファイル
wav	WAVE形式の音楽ファイル
avi	AVI形式の動画ファイル
wma	WMA形式の動画ファイル
mpg/mpeg	MPEG形式の動画ファイル
mov	QuickTime形式の動画ファイル

column
なぜ拡張子は非表示設定なのか？

　　　ファイルの素性を知るには、拡張子を見るのが一番の早道です。それなのにWindowsの長い歴史のなかでは「拡張子は非表示である」ことがお約束となっています。

　そのワケは、Windowsが拡張子でしかファイルの形式を管理していないからです。もし異なる拡張子に変更されてしまうと、Windowsはファイルの形式を正しく判断できないため、最適なアプリケーションソフトを選択することができません。その結果ファイルを開けなくなります。

　試しに、テキストファイルの拡張子をGIF画像のものに変更してみましょう。ファイル名の後ろの「txt」を「gif」に変えます。「拡張子を変更するとファイルが使えなくなる可能性があります」という警告メッセージが表示されますが、「はい」ボタンを押します。すると、それまでアイコンの絵柄が書類であったのが、山の絵のデザインなど別の絵柄に変わります。そのアイコンをダブルクリックすると、『フォ

ト』アプリなど画像ソフトが起動しますが、このファイルの正体はテキストなので何も表示されません。拡張子を元の「txt」に修正すると、『メモ帳』などテキストエディタであるアプリケーションソフトでファイルは開きます。

　このように拡張子は、ファイルを開くためにWindowsにとってたいへん重要なものだけに、知識の浅いユーザーが誤って変更しないように非表示になっているのです。

　とはいえ、ファイルの知識を身に付けたいとき、拡張子を知らないでは話になりません。安易に拡張子を変更しなければ、ファイルが開かないというトラブルは起きません。Windows10では、ファイル名を変更するとき、あえて拡張子は選択されず、ファイルの名前の部分だけが選択状態になる仕様になっています。よほど意識的に拡張子の部分を変更、もしくは削除しない限りは大丈夫！　本編で紹介したように、拡張子は表示されるように設定を変更し、日頃から拡張子に馴染んでおくことをお勧めします。

データをファイルに変身させるときの3つの条件

　ファイルを作ったとき、どの拡張子をファイル名の後ろに付けるのか、誰が決めたのか気になりませんか？　これを決めたのは、ズバリあなた自身です！

私が？　いつ、どこで付けたのかな？

ヒントはファイルを作成するときの操作にあるよ。なにも意識せず行っていた操作だけど、とても重要なことなんだってわかると、ファイルに対する認識が一歩深まるから、よ〜く覚えてね。

　ファイルの作成時に、必ず行うことが「名前を付けて保存」という操作です。これは、「0」と「1」のデータをファイルに変身させる、いわば呪文のようなもの。パソコンのなかで作業机にたとえられる（参照 P.116）メモリーは、電源を切ると、そこに記憶していた内容をキレイさっぱり忘れてしまうという特性があります。メモリー上で作成したデータは「保存」することで、ハードディスクにファイルとして書き込まれます。この"メモリーからハードディスクへ書き込まれる"ことをイメージしておくと、保存の重要さが認識できるものです。

　たとえばWordを立ち上げて、新規作成の画面にどんなに詳しい報告文やグラフなどを入力しても、それをファイルとして保存していなければ"幻影"でしかあ

りません。保存する前に、不幸にも停電があってパソコンの電源が落ちてしまうと、一瞬で内容は消えてしまいます。そうならないために、データをファイル化してどこかに保存をするわけです。この最初の保存時に、必ず［名前を付けて保存］ダイアログが表示されます。

　ここでポイントとなるのが、次の3点です。

・保存する場所を決める
・ファイルの名前を付ける
・ファイルの種類（形式）を決める

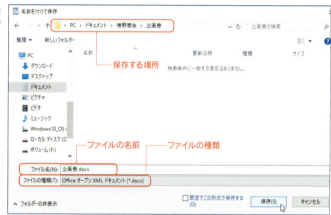
必ずこの3点を決めなくてはファイルは作成できない

　この3点を決めなくては、ファイルは保存されません。とはいっても「ファイルの名前や場所は自分で付けたことはあるけれど、ファイルの種類を決めた覚えはないなあ」という人が大半でしょう。

　［名前を付けて保存］ダイアログには、大切な3点の入力フォームにあらかじめ何らかの文字列が入っています。これはアプリケーションソフトが「この場所に、こういったファイル名で、このファイル形式で保存したらいかがですか？」というお勧めの内容です。どれか一つでも空欄（未入力）の状態では、ファイルをハードディスクに書き込むことができないため、いずれの項目も事前にキッチリ入っています。

　このままファイルを保存することは可能ですが、仕事で作成するファイルに関しては、ちょっと待った！ファイルを効率よく操作するためには"どういった名前を付けて、どこに保存するか"は、たいへん重要なポイントとなります。これはファイルの整理術に直結する点ですので、仕事の効率性を考えたファイル名の付け方と

保存場所については、あらためて後述します（参照 P.132）。

　ここでは「ファイルの種類（形式）」に注目してください。ファイルの種類と拡張子が表示されていますが、これはアプリケーションソフトが一般的だと推奨しているものであって、変更してもかまいません。むしろ、ファイルを共有する相手によっては、あえて変更しなくてはならない場合もあります。

　たとえばWordはバージョンによって対応するファイル形式が異なります。あなたが使っているWordが、ファイルの保存時に「Word文書(*docx)」形式を推奨してきたとします。でも、取引先の担当者が古いバージョンのWordを使っていて、この形式のファイルを開くことができないかも……というときは、［ファイルの種類］のメニューを開き「Word97-2003文書(*doc)」を選択して、ファイルを保存しておく、ということが望ましいのです。

　自分のパソコンでのみファイルを利用する場合は、ファイルの種類を意識する必要性は低いのですが、職場では"第三者とのファイル交換が当たり前"という環境でしょう。あなたのファイルをすべての関係者がストレスなく開けるように、作成時には常に配慮することが大事です。

column
意外と大きな問題となる"ファイルの互換性"

　他の人とファイルのやりとりを行う際、双方が同じアプリケーションソフトを持っているなら問題はなさそう……と思いきや、バージョンの違いによってファイルが開かないということがあります。

　時代の流れのなか、アプリケーションソフトも年々進化していきます。新たなファイル形式が登場すれば、同じアプリケーションソフトでも新しいバージョンには対応するファイル形式が追加されていきます。そうすると、以前のバージョンのアプリケーションソフトでは対応できない場面が出てきます。くだけた説明をすれば、昔のアプリケーションソフトが未来に登場するファイル形式を知っているはずはない、ということです。

　たとえば『Word 2003』までは、ドキュメントファイルの拡張子は「doc」でしたが、『Word 2007』では「docx」に変わりました。『Word 2003』時代にはdocx形式のファイルは存在しないので、当然未対応です。拡張子「docx」が付いたファイルを開くことができません。また逆に、『Word 2007』では古いバージョンが対応していたdoc形式のファイルにも対応しますので、『Word 2003』で作成されたファイルも難なく開くことができます。

このように、多くのアプリケーションソフトは下位互換はありますが、逆の場合は対応が難しくなります。上位、いいかえれば新しいバージョンを使っているユーザーが、下位バージョンが対応できるファイル形式に合わせる、という配慮が必要です。
　ファイル交換を行う相手とフランクに話せるのであれば、事前に使用しているアプリケーションソフトの種類とバージョンを確認し、できれば交換するファイルの形式を合わせておきましょう。相手が取引先などで、そういった打ち合わせができない場合は、本文で紹介したようにファイル名に拡張子を表示させて、ファイルの形式を確認し、対応できるアプリケーションソフトを探しましょう。

　なお、WordやExclなどのOffice系アプリケーションソフトでは、ファイル形式に変更があった場合、下位互換パックがMicrosoft社のサイトで配布されるようです（過去、Office2003から2007へバージョンアップがあった際には配布が行われました）。
　また本書執筆時点、最新のOffice2016では以前のバージョンとの互換性をチェックする機能（[ファイル]タブ内の[情報]にある[互換性のチェック]をクリック）が付属しています。
　ビジネスの場ではOffice系のアプリケーションソフトを使う機会が多いだけに、使用するバージョンによっては臨機応変な対応が必要であることは認識しておきましょう。

開くアプリケーションソフトを決めて、効率性アップ！

　報告書などのデータファイルのアイコンをダブルクリックすると、Windowsが拡張子からファイルの形式を判断し、指定されているプログラムファイル、すなわちアプリケーションソフトを起動するように指示を出します。指示を受けたアプリケーションソフトが起動してデータファイルが開き、あなたは報告書の中身を確認することができるわけです。

ときどき、自分が思ってもいないアプリケーションソフトが起動して、ファイルが開いてしまうことがあるんですけど、あれって不思議ですよね？

"1つの拡張子に関連付けができるアプリケーションソフトは1つだけ"というルールがあるからね。そこが自分でコントロールできていないと、仕事の効率に支障が出るよ。

　拡張子ごとに、どのアプリケーションソフトに紐づいているのか知ってします

か？アプリケーションソフトによっては、インストール時に拡張子との関連付けを確認する画面が表示されます。ところが、まったく断りもなく、勝手に関連付けを自分にしてしまうものもあります。無料ソフトウェアなどに多く、こういったアプリケーションソフトをインストールしたことで、「いつも報告書ファイルを開くときはWordだったのに、違うソフトで開くようになっちゃった。なぜなんだー！」と、頭を抱えた経験はありませんか？ この状況になると、Wordを起動してからファイルを開き直すなどの操作が必要となり、効率が悪くなってしまいます。

多くの場合、仕事で使うアプリケーションソフトは決まっているものです。<mark>ファイルをダブルクリックしたときに、特定のアプリケーションソフトで開けるように、拡張子とアプリケーションソフトの関連付けを手動で変更</mark>しましょう。

ここでは一例として、JPEG形式の画像ファイル（拡張子jpg）が『フォト』というWindowsアプリで開くようになっているのを『ペイント』で開くように変更する手順を紹介しましょう。

▮▮特定のファイル形式における関連付けを変更する

JPEG形式の画像ファイルは、すべて『ペイント』で開くように変更したい場合、次のように設定します。

① 開きたいファイルを右クリックして、メニューから［プログラムから開く］→［別のプログラムを選択］を選びます。

② ［このファイルを開く方法を選んでください］ダイアログで関連付けたいアプリケーションソフト（ここでは『ペイント』）をクリックして選択状態にし、「常にこのアプリを使ってJPGファイルを開く」にチェックマークを入れて［OK］ボタンを押します。

この設定を行って以降、JPEG形式のファイルは常に『ペイント』で開くようになります。

▮「常にこのアプリを使ってJPGファイルを開く」にチェックマークをいれる

▮▮今回のみ、別のアプリケーションソフトで開きたい

今回だけ関連付けられていないアプリケーションソフトで開きたいときは、もっと簡単です。

① 開きたいファイルを右クリックして、メニューの［プログラムから開く］にマウスポインターを合わせると、対応できるアプリケーションソフト名が表示されます。
② 開きたいアプリケーションソフトを選択します。ここでは『ペイント』を選択します。
③ このメニューのなかに使いたいアプリケーションソフト名がない場合は、［別のプログラムを選択］を選び、表示されるダイアログにある［その他のアプリ］をクリックします。
④ 対応できるアプリケーションソフトが一覧表示されますので、そのなかから任意のものを選択して［OK］ボタンを押します。

この操作では、拡張子とアプリケーションソフトの関連付けは変更されていませんので、別の JPEG 形式のファイルをダブルクリックすると、以前どおり『フォト』でファイルが開きます。

column

Windows10にアップグレードしたら、関連付けが変わってしまった！

　Windows7、8/8.1 から 10 にアップグレードしたとき、「拡張子とアプリケーションソフトの関連付けが一気に変わってしまった」というユーザーの悲鳴が！ パソコンを使い慣れたビジネスパーソンでも、これは由々しき事態です。
　そんなとき、いちいち該当のファイルを使って変更していては、大変な作業になります。そこでコントロールパネルにある［関連付けを設定する］画面（参照 P.120）を開いて、拡張子ごとに変更しましょう。
　この画面には、使っているアプリケーションソフトに関連付けられている拡張子がすべて表示されます。拡張子と［現在の既定プログラム］を確認して、関連付けを変更したい拡張子があればダブルクリックしてください。すると「今後の○○（拡張子）ファイルを開く方法を選んでください。」ダイアログが表示されますので、関連付けたいアプリケーションソフトを選択しましょう。

関連付けを変更したい拡張子をダブルクリックする

関連付けたいアプリケーションソフトを選択する

意外と重要!
ファイルをどのディスクに保存するか？

ファイルの保存場所をどこにするかは、ファイルの整理術の第一歩です。計画的に保存場所を決めていかないと、あとでファイルを探し回ることになり、作業効率が落ちるという結果を招きかねません。[名前を付けて保存]ダイアログでは、アプリケーションソフトがお勧めの保存場所を指定してくれますが、「どの場所であるか」を把握しないまま保存してしまうと、ファイルを見失ってしまいます。

ファイルの場所を見失うって、意外とありがちなミスだよね。

「名前を付けて保存」ダイアログの内容を確認せずに、そのままEnterキーを押しちゃうと、保存した場所がわからなくなります。そんなときって、自分のおっちょこちょいさに凹んじゃいます。

そういった事態を招かないために、保存場所のルール決めが重要です。とはいえ「すぐにルールを決められない！」という場合は、第2章で紹介したように「保存場所をすべてデスクトップにする」という方法もあります（参照 P.047）。ある程度の期間、決まったファイルばかりを操作する場合は、パソコンが起動したら、すぐに仕事に掛かれる場所にファイルがあるのは便利です。

ただし仕事が終わったあとまで、ファイルがデスクトップに置きっぱなしでは、アナログの作業机と同様、無用なファイルが山積で作業効率がグッと落ちてしまいます。すべての作業が完了したら、ファイルを片付けてデスクトップをきれいな状態に戻さなければなりません。

だからといって、さっさとファイルを削除してしまってはダメ！ 終わった仕事とはいえ、ファイルがまったく無用になることはないはず。後日、必要になったときに、すぐにファイルを取り出せるように、保存場所をしっかり管理しておきましょう。

ハードディスクの中身を見てみる

まずは「保存場所となるディスクは、どこにするか？」といった点から考えてみましょう。パソコンには必ずファイルを保管する記憶装置があります。ハードディスクが一般的ですが、最近ではSSDを搭載した機種も増えてきています。

では、このハードディスクの中身を見てみましょう。

①タスクバーにあるフォルダーの絵柄の[エクスプローラー]ボタンを押します。

② 「エクスプローラー」が開きますので、左画面の [PC] をクリックします。
③ 右画面の [デバイスとドライブ] に、使っているパソコンに搭載もしくは接続されている装置が表示されます。

内蔵ハードディスクはもちろん、外付けハードディスク、USBメモリーなど、使用しているパソコンによってさまざまです（参照 P.194）。==これらの装置は、ファイルという書類を仕舞い込むための"引き出し"のようなもの==です。

ここで注目したいのが"Cドライブ"。ここには必ず、OSであるWindowsの==システムファイル==が格納されているんだよ。パソコンにとって、とっても重要な部分だからね。

Cドライブをダブルクリックして開くと、システムファイルのほかに、インストールされているアプリケーションソフトが格納されているフォルダーと [ユーザー] フォルダーがあります。[ユーザー] フォルダーを開くとサインインしたユーザー名のフォルダーがあります。それを開くと、[ドキュメント][ピクチャ][ビデオ] などのフォルダーが並んでいます。その階層構造は、エクスプローラーの左ペインで確認することができます。

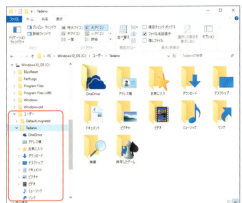
▌左ペインでフォルダーの構成を確認しよう

▍▍保存場所はCドライブ以外がのぞましい

一般的に、作成したファイルはWindowsが用意してくれたユーザーごとのフォルダーに保存することになります。Office系をはじめ多くのアプリケーションソフトが [ドキュメント] フォルダーをお勧めの保存場所に指定してきます。

しかし、本書では推奨どおりに==[ドキュメント] フォルダーに保存することはあまりお勧めしません==。なぜならば、Cドライブには==システムファイル==が入っており、それと同じ場所に自分が作成したファイルを保存してしまうと、いろいろな部分で不都合なことが起こりやすくなります。その最たるものが、==Windowsが起動しないというトラブルが生じた際に、大切なファイルを救出することが難しくなる==

(参照 P.248)点が挙げられます。

　パソコン内で行われることをイメージで説明すると、こうなります。重要な書類であるシステムファイルは常に必要とされるため、頻繁に出し入れが行われます。やがてシステムファイルの一部が破損してしまい、役目を果たせなくなったとき、いったん同じ引き出しの中にある書類をすべて破棄しなくてはなりません。システムファイルはまったく同じモノが別の場所に保管されているので、それを再度入れてやれば元の状態に戻せます。ところが、**自分で作成した報告書や企画書などの書類は、自分自身でコピーして別の場所に保管していない限り、破損したシステムファイルを破棄するときに一緒に消えてしまいます**。どんなに時間と労力を掛けて作成した書類であっても、ひとつとして残りません。そういった事態に備えて、**重要な書類（システムファイル）と自分が作成した書類を同じ引き出しに一緒に保管しない**、というのが望ましいのです。

　大容量のハードディスクを搭載しているパソコンの場合、あらかじめパーティションを切って（物理的に1台しかないハードディスクに仕切りをして、複数のハードディスクとして利用する方法）、Dドライブを用意していることがあります。いわば引き出しが2つ、用意されていると考えてください。その場合は、**システムファイルが保存されていない、Dドライブに自分自身で作成したファイルを保存する**ようにしましょう。

　もしCドライブしか用意されていない場合、自分でパーティションを切って、Dドライブを作成することは可能です。ただし、職場から付与されているパソコンであれば、念のためパーティションを作成してもよいか、事前に確認をとりましょう。

　どうしてもCドライブしかない環境でパソコンを使わなければならない、という場合もあるでしょう。Cドライブに自分が作成したファイルを保存してはいけないワケではありません。しかし万一の事態を考えて、**失っては困る大事なファイルはCドライブ以外の場所にバックアップをとる**ことを心がけましょう。

　なお職場によっては、社内ネットワーク上にある共有フォルダーをファイルの保存場所として使用するように指示されることがあります。セキュリティ面を考慮して"ハードディスクにファイルを保存しない"という社内ルールがあるなら、ファイルの保存場所には共有フォルダーを指定することになります。

賢いファイルの仕分けは、フォルダー構成から

ファイルを保存する場所となるディスクが決まったら、今度はフォルダー構成を考えましょう。

前項でディスクを引き出しにたとえましたが、**フォルダーはファイルを入れておく"書類ケース"のようなもの**。ファイルという書類を書類ケースに入れて、引き出しの中に仕舞い込むというイメージです。書類ケースは「Aというケースの中にBというケースがあり、さらにその中にCというケースがあって……」という具合に、何段階にも入れ子状態にできます。入れ子状態にしたフォルダーは、エクスプローラーで見ると、右図のようにツリー状に表示されます。これを「**階層構造**」「**ツリー構造**」などと呼びます。

▌フォルダーは階層構造になっている

　フォルダー構成の基本がわかれば、次に自分流の仕分けルールを考えようね。

　う～ん、まだ"自分のやり方"ってものがないので、どこから決めたらよいかわかりません。

フォルダー構成において、押さえるべき点を挙げます。仕事の効率を考えると、次の3点は外せないポイントとなります。

> ・毎日の作業が迅速に行えるか
> ・必要なファイルをすぐに開くことができるか
> ・バックアップはしやすいか

これらの条件をすべてクリアするためのルールを目指すわけですが、いきなり理想形を作り上げるのは、ハードルが高いかもしれません。そこで仕事に合わせて段階的に行っている、筆者流のフォルダーの仕分け方を紹介します。あなたの仕事の内容や進捗状況、やり方に合ったルール決めをする際の参考にしてください。

進行状態を基準にフォルダーを分ける

抱えている仕事が1つの案件であれば、第2章で紹介したように、デスクトップにすべての関係ファイルを置くというケースがありますが、複数の案件を抱えている場合は、話は別です。

<mark>いくつかの仕事を平行して行うとき、優先順位がポイント</mark>となります。そのため、次のような名前を付けたフォルダーをデスクトップに用意します。

- 進行中
- 保留
- 対応済み

■進捗状況にあわせて格納するフォルダーを用意する

<mark>フォルダーの数は、必要最低限</mark>にするのがポイントです。あまり多いと、どのフォルダーにどのファイルを保存しているのか混乱してしまうからです。

作成するファイルの保存場所は、いったんデスクトップを指定します。できたファイルは、仕事の進み具合によって、いずれかのフォルダーに移動させていきます。すべてのファイルが[対応済み]フォルダーに入ったら、仕事は完了。データファイルの保存場所として確保しているDドライブに、仕事の案件名を付けたフォルダーを作成し、すべてのファイルを移動します。

ここで覚えておきたいのが、<mark>デスクトップもCドライブ内のフォルダーにすぎない</mark>点です。Windows10の場合は、[デスクトップ]フォルダーは、[Cドライブ]→[ユーザー]→[○○(サインインしたユーザー名)]内にあります。仕事で作成したファイルをずっとデスクトップに置いておくのは、Cドライブに保存しておくことですので、リスクを負うことになります(参照 P.130)。<mark>Dドライブなどのデータファイル専用の保存場所があるなら、必ず移動</mark>しておきましょう。

時系列にフォルダーを分ける

たとえば「2017年5月1日から一か月間、開催するイベントがあり、各支部から毎日報告書がメールで届く」というように、<mark>毎日ファイルが作成され続けるといった場合は、時系列にフォルダーを分けます</mark>。

まず「201705イベント」(2017年5月のイベント)という名前のフォルダーを作り、その配下に「0501」(5月1日)「0502」(5月2日)というように日付を名前にしたフォ

ルダーを作成しておき、受け取った
ファイルを日付ごとに仕分けて保存
していきます。こうすることで、あ
とから「5月5日の報告書をすべて確
認したい」といったときでも、すぐ
に対応ができるわけです。

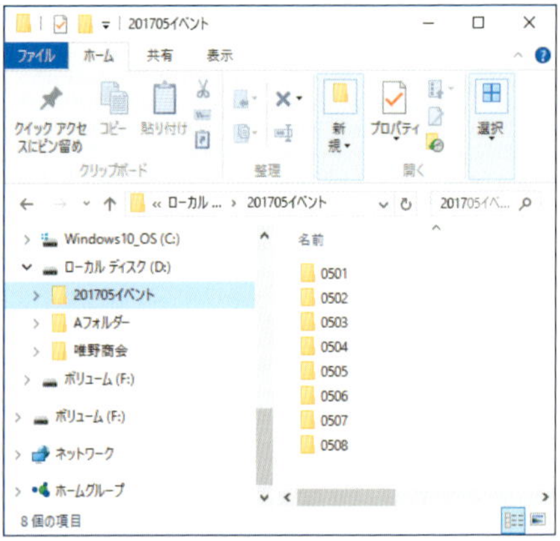

■時系列でフォルダーを分けておく

　期間の決まった仕事を持っている
なら、月単位や四半期単位のフォル
ダーでまとめておくと、たとえば「先月の今頃は、どういった仕事内容であったか」
など、振り返りが簡単に行えます。それにファイルは時間とともに増える一方です
ので、「一年が経過したものはDVDメディアに書き込んで、削除する」などのルー
ルを設けておくと、ハードディスクの整理も容易になります。

▍案件ごとにフォルダーを分ける

　企画書に見積書、各種のデータを集計したものなど、<mark>複数のファイルを使って、
ひとつの仕事を進めていく場合、案件ごとのフォルダーを作成</mark>しておきます。
　たとえば、唯野商会に対して、2つの案件を提示しています。A案件、B案件と
もに「与件」「企画書」「見積書」「スケジュール」「関連資料」「商品写真」「イメージ画像」
といったファイルを扱うことになります。その場合は、次ページの図のように「A
案件」フォルダーの下の階層にファイルの種類ごとにフォルダーを作成します。
　ここで多くの人がよくやってしまうミスが、どの案件にも必要なファイルを別
フォルダーに入れてしまうことです。
　たとえば、2つの案件を同時に扱っているとき、画像はどちらの案件でも使用す
るため、「画像」フォルダーを作成して、商品写真やイメージ画像ファイルをすべ
て一括して保存していました。A案件、B案件のどちらの企画書にも挿入する画像
があっても、「画像」フォルダーに1ファイルあれば共通で利用できます。
　ところが仕事が終わって、それぞれの案件を別の上司に報告するとき、使った画
像を分ける必要が出てくるのです。最初から、案件ごとに使用したファイルを一括
しておけば、上司に提出するファイルも難なくまとめることができたのに、と後悔
することになってしまいます。

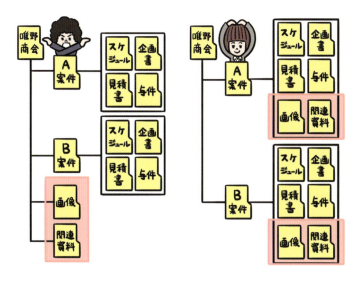

　これはWindowsを使い始めた頃、テキストやWord文書、Excelデータはマイドキュメント、PNG画像やJPEG写真はマイピクチャに保存するという習慣があり、つい容量が多くなる画像ファイルはまとめてしまうのがクセになっていたのです。仕事の効率を考えれば、このやり方はベストではありません。

　また、フォルダーの階層は、扱うファイルの種類や内容によって異なります。自分で管理しやすいと感じるのは3～5階層まで。それ以上多くなると、必要なファイルを取り出すために手間が掛かりすぎ、効率が下がってしまうでしょう。
　仕事の規模が大きくなると、どうしてもファイルの数が増えてしまい、階層が深くなりがちです。そうなると、利用頻度が高いファイルはショートカットを使ったり、タスクバーなどにファイルをピン留めするなどの工夫が必要となります。その手間を考えると、5階層を超えてきたところで、ルールの見直しをして、フォルダー構成を変更するほうが管理しやすいかもしれません。

■究極の手段！ 全部一つのフォルダーに保存する

　フォルダー分けは、どうも性分に合わない。分ければ分けるほど、必要なファイルを見失ってしまう。そんな人には、究極のワザ、1つのフォルダーに全部のファイルを保存する、という方法を提案します。たとえば、Dドライブにクライアント名である「唯野株式会社」というフォルダーを作成し、関係するファイルは何もか

も保存するというやり方です。

　すべてのファイルを1つにまとめるなんて、一見ムチャクチャなように思えるかもしれませんが"大きな書類入れに、インデックス付きの書類をキレイに並べる"と考えれば、意外にイケるやり方です。インデックスとなる部分がファイル名となりますので、次項で紹介するファイル名の付け方には、しっかりルールを設けてください。

　この手法をうまく活用するには、エクスプローラーの表示の仕方もポイントになります。フォルダーを開いたときに、すぐに必要なファイルを見つけられるように、ファイル名がすべて表示される設定にしておきましょう。

　エクスプローラーを開いて、[表示]タブをクリックします。[レイアウト]のなかから、表示させたいタイプを選択しましょう。お勧めなのは「コンテンツ」と「詳細」です。これらの表示方法では、更新日時や種類、サイズまで表示されます。ファイル数があまりに多いと見にくくなりますので、表示方法はいろいろ切り替えて試してみましょう。

■1つのフォルダーでまとめて管理するときは、ファイル名だけが頼りだ

パソコンは保存場所を「パス」で表現する

　ファイルの保存場所が決まり「その"場所"はどこか教えてください」と言われた

ら、どう表現しますか？「Cドライブにあるドキュメントフォルダーの中に唯野商会というフォルダーを作って、その中に企画書というフォルダーがあって、そこに0524_企画書という名前のファイルを入れています」と説明するのは、どうでしょう？ 一度聞いただけではわからないですし、階層が多い場合はとても言い表せません。

そこでパソコンでは、ファイルやフォルダーの保存場所の道筋を「パス (Path)」で表現します。パスには「小径、進路」という意味がありますので、"ファイルの所在地までの道"となります。

そのファイルまでの"道"って、どういうことなのか、ピンとこないんですけど……。

ファイル名は「氏名」、パスは「住所」と考えると、わかりやすいよ。

郵便物を送るとき、表書きには「東京都新宿区△△町1丁目23-4　唯野商会御中」と書きます。これと同じで、パソコンでは「ドライブ名フォルダー名フォルダー名……ファイル名」と書いていくのです。

具体的にパスを見てみましょう。

C:¥Users¥Tadano¥Documents¥唯野商会¥企画書¥0524_企画書.txt

ここで使われている記号を説明しますと、「:」はドライブの区切り、「¥」は「階層」を表します。ですからこのパスは"「C」ドライブの中にある[Users]フォルダーの中の[Tadano]というフォルダーの中の[Documents]フォルダーにある[唯野商会]フォルダーの中の[企画書]フォルダーにある「0524_企画書」というファイル"ということを示しています。つまりファイル名は「氏名」、パスは「住所（ファイルの所在地）」となるわけです。

パスは見慣れてくると、ファイルの保存場所がすぐに判断できて便利なのですが、あまり目にすることがないですよね。これはエクスプローラーの［アドレス］バーが初期設定で、階層表示になっているためです。フォルダーを階層ごとに区切って でつないで表示しており、左に行くほど階層の上位となります。パス表示に切り替えたいときは、［アドレス］バーにある先頭にあるフォルダーアイコンをクリックすると文字列に変わります。

▌初期設定ではアドレスバーはこのように表示される

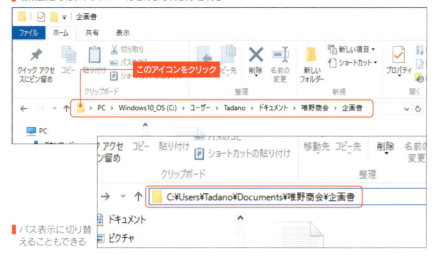

▌パス表示に切り替えることもできる

▌▌社内でパスの情報を共有するとき

　社内で複数のメンバーが共有フォルダーを使っていると、「あのファイルは、どこに保存しているのか？」と尋ねられることがあるでしょう。そのときは、ファイルの保存場所を<mark>パスで連絡</mark>すると、相手に間違いなく伝えることができます。

　エクスプローラーのアドレスバーに表示されるパスは、教えたいファイルが保存されているフォルダーまで。そのフォルダーに多数のファイルが入っている場合は、連絡を受けた人がファイルを探す手間が生じます。そうならないために、パスを使ってただちにファイルが開くパスを伝えましょう。

　ファイル自体のパスを教えたいときは、エクスプローラー内で<mark>ファイルをクリックして選択状態にし、［ホーム］タブの［パスのコピー］ボタンをクリック</mark>します。それから『メモ帳』などのテキストエディタに［貼り付け］（［Ctrl］＋［V］キー）をすると、ダブルクォーテーション（「"」）付きのパスが記載されます。これをメールなどで相手に伝えましょう。

▌［パスのコピー］ボタンを押す

なお、ファイルを一度クリックして選択状態にして、[Shift]キーを押しながら右クリックすると[パスのコピー]という項目がメニューに追加されますので、ここで実行することもできます。

　今度はパスの連絡を受けた場合です。タスクバーにある[何でも聞いてください]フォームもしくは[ファイル名を指定して実行]フォーム（参照 P.101）にパスを入力して[Enter]キーを押すと、目的のフォルダーやファイルが一発で開きます。
　ここで注意したいのが、パスの前後にダブルクォーテーション（「"」）が入っているか、否かです。前述のフォームを使う場合は、ダブルクォーテーションの有無は問題ありません。しかしエクスプローラーの[アドレス]フォームにダブルクォーテーションが入っているパスを入力すると、ファイルは開きません。前後のダブルクォーテーションを削除した状態のパスを入れると、ファイルを開くことができます。
　パスを使ってファイルやフォルダーを開くとき、一番スピーディーなのはタスクバーにある[何でも聞いてください]フォームを使うことですね。

column
パスを変更してはいけないファイルの存在

　　　　パスが決まるのは、ユーザーがファイルを保存したとき。つまりハードディスクなどにファイルが書き込まれたときです。このパスは自由に変更、つまりファイルを移動したり、削除しても問題はありません。
　一方、OSであるWindowsやアプリケーションソフトなどのプログラムファイルは、ほとんどが複数のファイルの集合体であり、インストール時には"指定席"へと書き込まれて、パスが決まります。さらに「この場所に、このファイルを書き込みました」という情報が、レジストリと呼ばれるファイルに記録されます。このレジストリは非常に重要な存在で、Windowsやアプリケーションソフトはレジストリ情報を元に自分たちが使うファイルを探し当てて、順番にファイルを読み込むことで動作しているのです。
　ユーザーが作成したデータファイルとは異なり、Windowsやアプリケーションソフトといったプログラムファイルは「指定席がある」、さらに「その指定席を記録した情報がある」という点があります。そのため、絶対にパスを変更、つまり保存場所を変えてはダメ！ もしパスが変更されてしまうと、Windowsが必要なファイルを見つけることができず、エラーが発生します。もちろんファイル名もパスの一部ですので、ファイル名の変更も厳禁です。
　具体的にいえば、Cドライブ内の[Windows] [Program Files]といったフォルダーはアンタッチャブルな存在。安易に触るな、ということです。

ファイル名を付ける前に
知っておきたいルール

　ファイルの作成時に一番悩むのが「どんなファイル名を付けるべきか？」という点です。

　とはいえ［名前を付けて保存］ダイアログの［ファイル名］の入力フォームを見ると、「無題」とか「ドキュメント」とか、あらかじめアプリケーションソフトが何らかの名前を入れてくれています。

自動的にファイル名を付けてくれるなんて、なんて親切な機能！

いやいや、ここで感心してはダメ。ファイル名は、自分自身で付けるべきものだよ。

　ファイル名が自動的に入るのは、ファイル名が決まらないとディスクにファイルを書き込めないため。アプリケーションソフトが勝手に名前を入れているだけです。ここで表示される名前は、遠慮せずにサクッと消して、仕事を進めていくなかで管理しやすいものに付け替えてください。

　その前に、ファイル名に関するルールを紹介します。自分でファイル名を入力してみると、結構長めの名前でも付けることができることに気づきます。だからといって、無制限ではありません。

　Windowsでは「ファイル名とフォルダー名の合計文字数が、半角で255文字を超えてはならない」というルールがあります。日本語は2バイト文字であり、ひらがな、カタカナ、漢字それぞれ1文字が2バイトとカウントされます。それを考慮して、ファイル名を付ける必要があります。

　エクスプローラーなどでファイル名を見ると、アイコンの大きさによって表示される文字数は異なっています。表示できる文字数をオーバーしている場合は、後半が「…」と省略されます。アイコンにマウスポインターを合わせると、すべてのファイル名がバルーン表示されますが、これでは視認性が悪くなります。

　また、エクスプローラーのレイアウトで「詳細」を選ぶと、「名前」部分は境界線を右側にドラッグすることで、かなり長いファイル名でもすべて表示することは可能です。とはいえ、あまりにもファイル名が長いと、それを読むだけで疲れてしまいます。効率性を重視するなら、ひと目でファイルの内容まで判断できる文字数、名称を考えるべきでしょう。

そして**ファイル名には、使っていけない文字があります**。下記の半角文字をファイル名に使おうとすると、必ずエラーメッセージが表示されます。これらはシステムが先に使っている文字です。たとえば「¥」は階層を示す記号ですが、これをファイル名に使ってしまうと、「¥」が階層を指しているのかファイルを指しているのかWindowsが判断できません。そのような事態を避けるために、システムと重複する記号はファイル名に使えないようになっているのです。使えない文字すべてを覚えておく必要はありません。もし使おうとするとエラーが表示されて"使わせてくれない"状況になります。エラーが起きたときは、使えない文字だったんだな、と納得するようにしましょう。

▎ファイル名に使えない文字（すべて半角）

¥（円記号）	/（スラッシュ）	:（コロン）
*（アスタリスク）	?（クエスチョンマーク）	"（ダブルクォーテーション）
<（不等号（小なり））	>（不等号（大なり））	｜（垂直バー）

column
深い階層、長いファイル名が引き起こすトラブル

　ファイルの保存場所を深い階層下にしないほうがよい、ファイル名は長すぎないほうがよい、と本文で紹介しました。奥深い階層のフォルダーにファイルを置いておくと、フォルダーアイコンをいくつもクリックして開くのが手間だとか、ファイル名が長いと読むのが大変だとか、操作に負担が掛かり作業効率が落ちることを懸念しているため、だけではありません。

　実は、ファイル名とフォルダー名の文字数の合計、つまり**パスの長さが255文字（実際はもう少し余裕があるようですが）を超えるとWindowsが対応できない**、という事情があるのです。

　この壁にぶつかるのは、ファイルを移動させるときです。非常に長いファイル名を持つファイルを、現在の保存場所よりも長いパスを持つ場所にコピーしようとしたとき、新たな保存場所のパスが255文字を超える場合は移動することができません。つまり**「ファイルを移動できない」というトラブルが発生**してしまう、というわけです。

　パソコンでの作業において効率をダウンさせるのは、トラブルの発生です。パスの上限数を知っていれば、ファイル名を短くすることで対処できますが、このルールを知らなければ、いつまでも解決できません。無用なトラブルを回避するためにも、適切な保存場所、適切なファイル名を付けることは、常に意識しておきましょう。

仕事のファイルの名前は、どうあるべきか？

ファイルを書類にたとえるなら、**ファイル名は書類に付けるインデックス、もしくはタグ**のようなものです。アナログの書類ばさみを手に取ったとき、インデックスの内容を見れば、わざわざファイルを開かなくても、どこに何のファイルがあるかをひと目で判断することができ、速やかに必要なファイルを取り出せます。もしインデックスが「ドキュメント1」「ドキュメント2」などと、内容がわかりづらいものであったら、いちいち書類を開いて確認する手間が生じ、せっかくのインデックスも役には立ちません。

その書類の内容がひと目でわかること。アナログのインデックス同様、ファイル名もそれがポイントとなります。が、意外とその点を忘れてしまう人は多いものです。

社内で確固とした命名規則というものを設けていない会社では、各人のやり方でファイル名を決めていきます。先々を見据えてルール決めができればベストですが、実際には案件や携わるメンバーによって、やり方がまちまちになりがちです。それは仕事の効率性を落とす要因になってしまいます。

ここで典型的な悪い例を紹介するね。第2章で登場したAさん（参照 P.044）が付けたファイル名よ。

ちょっと、これはないですよね……。でも、私も似たようなこと、やっているかも。

Aさんはすべてのファイルをデスクトップに置き、仕事が完了したらデータファイルの保存場所であるDドライブにファイルを移動、という操作を繰り返していました。

ある程度ファイルがたまったら分類して、バックアップをとるのですが、［作業完了案件］フォルダーに入っていたファイルの名前を見てビックリ！ 確かに内容や作成日らしきものがあります（右図参照）が、統一したルールがないため、何が何やらわかりません。そのときどきの気分で付けたファイル名は、作成した本人でさえ収拾がつかない有様です。

```
001各チームのスケジュール表.TXT
28年5月の見積もり.TXT
0524_企画書.TXT
2017年目標.TXT
20160801処理データ.TXT
TADANO_Suggestion.TXT
社内文書_契約書フォーマット.TXT
唯野商会_契約書_佐藤作成分.TXT
唯野商会様御見積もり.TXT
```

▎ファイル名の付け方にルールがないと……

ここでみられる問題点を挙げてみましょう。

> ・ファイル名の日付に統一感がない。
>   年号と西暦が混在している。年度での記載もある。
> ・数字が、どういった目的で付けられているか不明。
>   通し番号であるのか、日付などを示しているのかわからない。
> ・なんの案件であるか、判断できない。
>   企画書や見積書は何のプロジェクトなのかわからない。
> ・文字や記号に統一感がない
>   英数字、記号に全角、半角のものが混在している。

　これらの問題点をクリアしたファイル名とは、どういったルールがあれば実現するのでしょうか。

　仕事の内容によるとはいえ、ある程度の基本ルールは存在します。具体的にどういったルール付けがあるか、Aさんが反省を踏まえて設けたルールを紹介しましょう。

日付＋内容にする場合

　クライアンやプロジェクト名を付けたフォルダー内にファイルを保存する場合、ファイル名に必要となるものは日付と内容です。

　このとき、日付の記載ルールは、西暦、月、日と並べます。西暦は「2017」年と四桁、月は「05」、日は「01」と二桁で入れます。ファイル名が長くなるのを避けるため、2017年「17」と二桁にすることも考えられますが、そうすると通し番号をふっているファイル名との見分けがしにくいと感じるので、あえて「2017」としています（数字が並びすぎるほうが見にくいと感じられる人は、「17」と下二桁にしてもかまいません）。また月日も一桁と二桁が混在すると、冒頭部分の桁数がファイルごとに異なって見にくくなるため、二桁で統一しています。

　そして、ここで==記載する日付==は"**作成日**"で統一しています。なぜならエクスプローラーでレイアウトを「詳細」や「コンテンツ」にすると更新日時が表示されるので、ファイル名に更新日は必要ないためです。

　==ファイルの内容は、日付の後ろ==に入れます。フォルダー分けをどういったルールで設定するかによって、どこまでの内容が必要であるかは異なります。一階層で管理する場合（参照 P.135）は、できるだけ詳しく入れておきましょう。たとえば「A社案件夏ボーナス商品に関する企画書」であれば下記のようになります。

> 20170501A社案件夏ボーナス商戦企画書.docx

■■ 通し番号を入れる場合

　エクスプローラー内の表示において、ファイル名に数字が入っていれば、番号順に並べ、昇順・降順を指定することが可能です。大量のファイルがある場合、通し番号を入れておくと管理がしやすくなって便利です。

　その際、単に1、2、3……といれるのではなく、下記のように「001」「002」「003」（ファイル数が100個を超えそうなら、「0001」「0002」「0003」）と入れておくことがお勧めです。こうしておくと、ファイルを「一覧」や「詳細」で表示にしたとき、番号部分がきちんと並んできます。

> 001パッケージ画像.jpg
> 002パッケージ画像.jpg
> 003パッケージ画像.jpg

■■ 作成者名を入れておく

　共有フォルダーに複数の人がファイルを保存する、といったチームワークで案外困るのが「誰が作成したファイルなのかわからない」という点。自分が作成したファイルなら編集しても問題ないけれど、他人のファイルであった場合、断りもなく編集してはトラブルのもとです。

　そのような事態を招かないように、ファイル名の中に作成者名を入れておくのもよいでしょう。場所は下記の例のように冒頭、もしくは最後に入れます。

> 【唯野作成】技術評論社様お見積書.pdf
> 技術評論社様お見積書_唯野作成.pdf

■■ アルファベットを入れておく

　ファイル名を日本語で付けるべきか、アルファベットで付けるべきか？　本来、ファイル名は英数字と「_（半角のアンダーバー）」で付けるものなのですが、現在のパソコン環境ではファイル名に日本語を使っても、何ら問題はありません。

　日本語、アルファベットのどちらでもよいのですが、メリット、デメリットはそれぞれあります。

日本語の場合、日本人なら誰にとっても見やすいのは大きなメリットです。ただしファイル名で検索を掛けるとき、漢字であったか、ひらがなであったかが思い出せないと面倒です。たとえば「もくろく」というひらがなでファイル名を付けていたことを忘れて、「目録」と検索をしても目的のファイルを見つけ出すことはできません。

　そういったことが起きそうな場合は、「mokuroku」とローマ字表記にしておけば問題ないでしょう。ただし、アルファベットの文字列を見た人が、「何の英単語？」と迷ってしまうかもしれません。

　アルファベットのファイル名にするメリットとしては、==エクスプローラー内でジャンプ機能が利用できる==点があります。エクスプローラーを開いて、キーボードの「m」キーを押すと、ただちに「mokuroku」ファイルが選択されます。ただし、これはファイル名全部がアルファベット表記である必要はなく、たとえば「m目録」というファイル名を付けておけば、「m」キーを押すだけでファイルを選択することが可能です。

　ジャンプ機能をうまく活用したいなら、下記のようなファイル名の付け方をしておくと、ファイルの選択がスピーディーにできます。

> k20170510企画書.docx
> m20170510見積書.docx

■ 区切りに使う記号は「_（半角アンダーバー）」で統一

　ファイル名が長くなってしまうと、いくら日本語でも視認性が落ちます。そこで見やすいように「スペース（空白）」を入れたり、「-（マイナス）」や「.（ドット）」を使う人がいます。これらの記号は、ズバリあまりお勧めはしません！ 使用するアプリケーションソフトやネット環境によっては、誤作動を起こさないとも限りません。

　==文字列を区切りたいときは、「_（半角アンダーバー）」で統一==しましょう。「＿（全角アンダーバー）」と混在すると、統一感がなくなります。下記のように半角でそろえておきましょう。

　また「.（ドット）」は、Windowsにおいて拡張子（参照 P.119）を判断するための重要な記号です。私たち人間が、わざわざ使わないように配慮すべきですね。

> 20170508_技評商会様_見積書_Ver3

column
ファイル名に使わないほうがよいもの

　　仕事で扱うファイルは、第三者とネットワークを介して共有することも多いでしょう。ネット上にある共有フォルダーにファイルをアップロードしたり、メールにファイルを添付して送信したり。そのとき、ファイル名に使った文字が原因で共有ができない、ファイル名が文字化けするといったトラブルが起きることがあります。

　もともとパソコンはアメリカで生まれたものですし、インターネットの世界では半角英数字の1バイト文字でやりとりすることからスタートしています。基本的にファイル名は、英数字と「_(半角アンダーバー)」のみで付けるものでした。技術の進化により、2バイト文字の日本語や各種の記号を使ってもファイルのやりとりは行えるのですが、100パーセント問題がないとはいえません。Webサーバーによっては、対応できない文字があることも考えられます。

　ネットワーク上でやりとりする際、トラブルの原因になる文字は、日ごろからファイル名に使わないように習慣づけておきたいものです。

　トラブルの原因になりやすい文字は、下記のとおりです。

- 機種依存文字
- 半角カタカナ
- 「-(ハイフン)」「_(半角アンダーバー)」以外の特殊記号

　もし、ネットワークを介してファイルのやりとりがうまくできない場合、ファイル名を半角の英数字(アルファベットは小文字のみ)で8文字まで、拡張子を3文字という「8.3形式」に変更してみましょう。このルールに沿ったものなら、ファイル名が原因でトラブルが起きることはありません。

エクスプローラーの表示設定は、自分仕様に変更する

　仕事の案件ごとのフォルダー分けは完璧。ファイルの中身がひと目でわかるように、ファイル名もバッチリ。でも、使う数が多いせいか、目的のファイルを開くまでのフォルダー間の移動にストレスを感じてしまう、ということはありませんか？

　フォルダー内を表示するのは、「エクスプローラー」と呼ばれるアプリケーションソフトです。よくブラウザーソフトの『インターネット・エクスプローラー』と間違える人がいますが、両者は別物です。

　エクスプローラーはタスクバーにあるフォルダーの形のアイコンをクリック、もしくは[スタート]ボタンから[エクスプローラー]ボタンをクリックすることで開きます。

Windows10のエクスプローラーは、リボン形式が導入されています。Wordや Excelなど Office系のアプリケーションソフトの2007で登場したインターフェースですので、見慣れている人もいるでしょう。リボンではタブを切り替えることで、さまざまな機能を利用できます。

この"さまざまな"機能が、実はクセモノなの。

そういえば、先輩のデスクトップを見ると、私のとずいぶん違いますよね。

エクスプローラーの多彩な機能をどう活用すれば作業がしやすくなるのか見極める。これは仕事の効率アップには必要です。得てして初期状態のまま使ってしまいがちですが、それこそ仕事の効率が悪い要因かもしれません。

エクスプローラーのあり方を見直し、自分仕様にカスタマイズしていきましょう。

クイックアクセスを活用する

エクスプローラーを起動すると、「クイックアクセス」が表示されます。これは最近使ったフォルダーやファイルが一覧表示されるもので、たとえば編集し終えて閉じてしまったファイルが再度必要になったとき、わざわざ保存場所のフォルダーを開かなくても、クイックアクセスから開くことができます。旧バージョンのWindowsにあった「よく使用するフォルダー」や「最近使ったファイル」がエクスプローラーに表示されるようになったわけです。

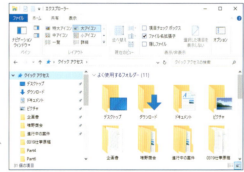

クイックアクセスを使えば、最近使ったファイルをすぐに開ける

個人で使用しているパソコンでは便利な機能ですが、複数で共有しているパソコンでは、かえって邪魔になるときもあるでしょう。クイックアクセスを非表示にしたり、履歴を残さないようにしたいときは、設定を変更しましょう。

① エクスプローラーの［表示］タブを選択し、リボンの右端にある［オプション］ボタンを押します。

② [フォルダーオプション] ダイアログの[全般]タブを開き、[プライバシー]にある[最近使ったファイルをクイックアクセスに表示する][よく使うフォルダーをクイックアクセスに表示する]のチェックマークを外して[OK]ボタンを押します。

③ 履歴を残したくないときは、[エクスプローラーの履歴を消去する]の[消去]ボタンを押します。

▋▋任意のフォルダーを常にクイックアクセスに表示する

クイックアクセスは便利な機能ですが、仕事の内容によっては、最近使った・使わないに関係なく、この画面に表示させたいフォルダーがあるときは、ピン留めをしましょう。

任意のフォルダーを右クリックして表示されるメニューから[クイックアクセスにピン留め]を選択します。これで登録は完了です。クイックアクセスに表

▋任意のフォルダーをクイックアクセスに登録できる

示させる必要がなくなれば、そこに表示されているフォルダーアイコンを右クリックして[クイックアクセスからピン留めを外す]を選択します。

▋▋起動時の表示場所を変更する

エクスプローラーを起動するたびに、クイックアクセスが表示されるのは、誰にとっても使いやすいとは限りません。特にフォルダー分けを細かく行っており、その日のスケジュールによって必要なファイルにアクセスしたいときは、むしろ邪魔な存在です。

エクスプローラーの画面左に表示される[PC]を選択すると、[ドキュメント][ピクチャ]などの6つのユーザーフォルダー、使っているパソコンに搭載もしくは付属しているドライブそして接続されているネットワークが表示されます。いわば

使っているパソコンの全体像がここで把握できるわけですので、フォルダーの場所を意識しながらファイルを開くときは、この画面が一番使いやすいといえます。

エクスプローラーを起動したとき、クイックアクセスではなく［PC］画面が表示させるように設定を変更することができます。

① エクスプローラーの［表示］タブを選択し、リボンの右端にある［オプション］を押します。
② ［フォルダーオプション］ダイアログの［全般］タブを開き、［エクスプローラーで開く］のプルダウンメニューから「PC」を選択して、［OK］ボタンを押します。

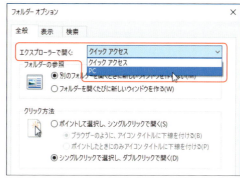
■起動場所を「PC」に変更する

■ 作業しやすい表示設定とは

　エクスプローラーの表示設定は、実に多種多様です。画面上部には［ホーム］［共有］［表示］のタブがありますが、特定のフォルダーやファイルを選択した状態で表示される（たとえば画像ファイルなら「ピクチャーツール・操作」、音楽ファイルなら「ミュージックツール・再生」）タブもあります。これらのタブを開くと、さまざまな機能ボタンが並んでおり、いずれもわかりやすい日本語名のボタンばかりですので、わざわざ説明するまでもないでしょう。

　ここで問題になるのは、仕事をする際に"どういった表示であれば、目的のファイルを見つけやすいか"という点にあります。［表示］タブにある［レイアウト］から、アイコンの大きさを変えたり、ファイル名以外に更新日時やサイズまで表示させることもできます。

　作業のしやすさには好みの問題もあるでしょう。ここでは、筆者が日ごろ設定しているレイアウトを一例として紹介します。

　まず［表示］タブを開いて、［レイアウト］から「詳細」を選択します。この表示方式では「更新日時」や「サイズ」が表示されますので、ファイルの状況を把握できて便利です。

さらに[プレビューウィンドウ]ボタンを有効にしておくと、画面が三分割されて、中央のエリアで選択したファイルの内容が画面右のエリアに表示されます。画像はもちろんですが、Webページやテキストファイルでもプレビューが表示されますので、わざわざファイルを開かなくても内容の確認ができます。

■「詳細」表示でファイル内容まで把握

また[グループ化]ボタンを押して、任意の条件を指定すると、画面内でファイルの並び替えが行われます。たとえば「名前」別で並べると、数字、アルファベット、ひらがな、漢字の順でファイルが整理されますので、見やすくなります。

グループ化しなくても、そのときどきで条件を決めて並び替えを行いたい場合は、[並び替え]ボタンの下にある「▼」を押して、条件を選択すればただちに並び替えが実行されます。

■条件を指定すれば、ファイルが並び変わる

レイアウトの設定は、そのフォルダーを開いたときの内容が保持されます。そのほうが都合がよい人もいるでしょうが、フォルダーごとに見え方が異なっては視認性が悪いともいえます。

<u>どのフォルダーを開いても、同じレイアウトに統一する</u>ことは可能です。

① まず任意のフォルダーを開いてレイアウトを整えます。
② 次に［表示］タブの右端にある［オプション］ボタンを押し、［フォルダーオプション］ダイアログの［表示］タブを開いて、［フォルダーに適用］ボタンを押します。
③ 「この種類のフォルダーすべてについて現在のフォルダーの表示設定を適用しますか？」の警告メッセージに［はい］と応じると、該当するフォルダーのレイアウトが統一されます。

なお、この設定が完了したあとでも、特定のフォルダーのみレイアウトを変更することは可能です。

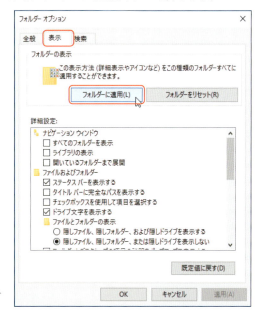

■ どのフォルダーを開いても、同じレイアウトに統一する

┃┃フォルダーを新しいウィンドウで開く

　エクスプローラーを開いて、フォルダーアイコンをダブルクリックすると、そのフォルダーに保存されている内容が画面右のエリアに表示されます。これにより無用なウィンドウが開かないことになります。とはいえ、作業のやり方によっては、これが不便に感じることもあるでしょう。

　たとえば、［企画案］［スケジュール］［参考資料］といったフォルダーが同じ階層にあるとき、これらのフォルダーを表示したウィンドウは残した状態で、［企画案］フォルダーを別ウィンドウで開きたいことがあります。その場合は、<u>開きたいフォルダー（ここでは［企画案］フォルダー）を右クリックして、［新しいウィンドウで開く］を選択</u>しましょう。

また、フォルダーなどを何も選択しない状態で、ショートカットキーの[Ctrl]+[N]キーを押すと、開いているウィンドウと同じものがもう一つ開きます。

なお、フォルダーを開くたびに新しいウィンドウで表示させたい場合は、エクスプローラーの[表示]タブ画面の右端にある[オプション]ボタンを押し、[フォルダーオプション]ダイアログの[全般]タブにある[フォルダーを開くたびに新しいウィンドウを開く]のラジオボタンを押して[OK]ボタンを押しましょう。

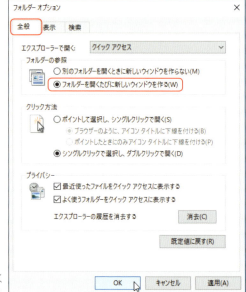

■ 常に新しいウィンドウが開くように設定することもできる

column
エクスプローラーをシンプルにしたいなら

リボン形式が採用されたWindows10のエクスプローラーは、さまざまな設定をボタンひとつで変更できるのは便利です。といっても「一度設定したら、そんなに変えることがない」という人もいるでしょう。また、旧バージョンのWindowsユーザーにとっては、リボン部分が邪魔に感じることもあります。

そんなときは、リボン部分を非表示にしましょう。エクスプローラーの画面右上にある ∧ (リボンの最小化)ボタンを押すか、[Ctrl]+[F1]キーを押すことで、非表示/表示の切り替えができます。

■ [リボンの最小化]ボタン

特定のファイルやフォルダーを
すぐに開きたい

　職場によっては、ファイル管理をきちんとルール付けているところもあるでしょう。

　たとえば、複数のメンバーで利用する共有フォルダーがあり、そこにあらかじめ構築された何階層もあるフォルダーの一つにファイルを保存しなくてはいけない。そのファイルが必要になるたびに、いくつものフォルダーをクリックして開いていき、ようやく目的のファイルにたどり着く。こんな状態では、ファイルを開くまでがストレスになりますし、効率的とは決していえません。

　そこで利用したいのが、「ショートカット」です。これはファイルやフォルダー、アプリケーションソフトなどへのリンクです。実体にアクセスするための"近道"のようなもので、作成すると実体のアイコンの左下に矢印がつきます（下図参照）

どんなに奥深い階層下に保存しているファイルでも、ショートカットをデスクトップに置いておけば、ファイルを開くのは一瞬よ！

▌実体のファイルとショートカット

　ショートカットの作成はいたって簡単です。作成したいファイルなどのアイコンを右クリックして、［ショートカットの作成］を選ぶだけで、同じ階層にショートカットが作成されます。ファイル本体は移動させなくても、ショートカットをデスクトップに移動させておけば、パソコンを起動した直後に、必要なファイルをただちに開くことが可能となります（参照 P.047）。

　なお、アプリケーションソフトの場合は、［スタート］メニューに表示されるアイコンをスタート画面からデスクトップにドラック＆ドロップするだけで、ショートカットが作成されます。

　ショートカットの実体は、拡張子「.lnk」を持つファイルです。容量は4KBしかありません。ショートカットを頻繁に使っていると、"実体のファイルとは異なるもの"ということを忘れがちです。

　第1章でも紹介したように、上司に「企画書のファイルをUSBメモリーに保存して、客先に持って行っていくように」と命じられたのに、企画書のショートカット

をコピーしてしまい、客先で企画書ファイルが開かず、大目玉をくらったという失敗談（参照 P.012））があります。ショートカットは実ファイルへのリンクが記載されているだけ。肝心のファイルの内容はまったく記載されていないので、USBメモリーにコピーしても何の役にも立ちません。

ショートカットが"どういった存在であるか"をたとえ話で説明しましょう。

机の引き出し奥深くに青い箱があり、その中にへそくりである一万円札が隠してあります。机の上には「へそくりは、三番目の引き出しの奥にある青い箱の中」というメモ書きがあります。一万円は"実体"ですが、メモ書きは一万円を見つけるための"情報"が書かれているだけの存在です。このメモ書きをカバンに入れてデパートに行っても、一万円はどこにもありませんので買い物はできません。

もう、おわかりですね。ショートカットは便利ですし、アイコンは実体とよく似た絵柄ではありますが、近道へのメモ書きでしかないのです。扱い方を誤らないよう、くれぐれも注意してください。

意外とわかっていない ファイルのサイズと単位について

パソコンを使っていると、「このファイルは大きい」「このファイルは重いから、なかなかダウンロードできない」と表現することがあります。ファイルのサイズや重さは、どこで量れるものなのか？ あらためて問われると、明確に答えられない人は案外多いものです。

 ファイルにサイズがあるのは知っているけど、詳しいところまで考えたことがありません。

 それではファイルを交換したり、共有するときに困るでしょ。ファイルの単位もあわせて、マスターしようね。

ファイルは「0」と「1」のデータの固まりである、と前述しましたが、この「0」と「1」の量によって容量（サイズ、重さ）が決まります。

　「0」か「1」の電気信号であるデータの1桁を「**ビット（bit）**」という単位で表します。これが**データの最小単位**です。1ビットが8個集まると「**バイト（Byte）**」という単位になり、通常はビットを小文字の「**b**」、バイトを大文字の「**B**」で表します。

　データの基本単位はビットですが、**ファイルの基本単位はバイト**です。パソコンは0と1のデータをひたすら計算しているのですが、私たちは「今、○ビットのデータを扱っている」と意識することはありません。データを綴じた状態——すなわちファイルごとに操作します。そのため、ファイルの容量を把握できないと、メディアにファイルをバックアップするときやメールに添付して送信するときなどに、不都合なことが起きるかもしれません。

　とはいえ、ファイルの容量を秤などの計測機械を使って測定する必要はありません。容量を知りたいファイルのアイコンにマウスポインターを合わせればバルーンにサイズが表示されたり、エクスプローラーのレイアウトを「詳細」「並べて表示」「コンテンツ」などに設定すると、「サイズ」の欄が追加されてファイルの容量をひと目で確認することができます。

▍バルーン表示のなかにサイズが記載されている

▍「サイズ」に各ファイルの容量が表示される

　ファイルの重さがどういうものかわかったら、単位を覚えましょう。単位がわからなければ、ファイルの容量が大きいのか、小さいのか判断することができません。

　ファイルの基本単位は「8ビットで1バイト」です。2の10乗である1024バイトになると1キロバイト（1KB）となります。2の20乗である1024キロバイトになると

1メガバイト（1MB）、2の30乗である1024メガバイトになると1ギガバイト（1GB）という具合に、**1024で単位が1つ繰り上がる**ことになります。

　ファイルの容量の単位は、下図のとおりです。最近の大容量ハードディスクは2～3TBが主流のようです。ひとまず、b（ビット）からTB（テラバイト）までの単位を覚えておけば大丈夫でしょう。

▌ファイル容量の単位

1b（ビット）		
1B（バイト）	＝ 8b	
1KB（キロバイト）	＝ 2の10乗バイト	＝ 1024B
1MB（メガバイト）	＝ 2の20乗バイト	＝ 1024KB
1GB（ギガバイト）	＝ 2の30乗バイト	＝ 1024MB
1TB（テラバイト）	＝ 2の40乗バイト	＝ 1024GB
1PB（ペタバイト）	＝ 2の50乗バイト	＝ 1024TB
1EB（エクサバイト）	＝ 2の60乗バイト	＝ 1024PB
1ZB（ゼタバイト）	＝ 2の70乗バイト	＝ 1024EB
1YB（ヨタバイト）	＝ 2の80乗バイト	＝ 1024ZB

column

8ビットが基本単位になった理由

　なぜ「8ビットを1バイト」と定めたのでしょうか？
　1ビットでは「0」か「1」かの2個のデータが区別でき、それが8ビットあれば256個（2の8乗）のデータを区別できます。256個といえば、1バイト文字に相当するASCIIコード（アルファベット、数字、記号など）を割り当てることが可能です。
　つまりパソコンでは8ビットを1単位にすると何かと都合がよかったわけで、さらにそれをひとまとめにして1バイトとすることで数えやすくなっているのです。なお半角英数字は1文字が1バイト、ひらがなや漢字などの日本語は2バイトです。
　余談ですが、解説書によっては「1キロバイトは1000バイト」と、長さや重さのように1000ごとに繰り上がると説明していますが、厳密にいえば間違いです。データは2進法で計算するため「1キロバイトは1024バイト」が正しいのです。
　とはいえ、DVDメディアやハードディスクの容量は、少しでも容量が大きく見えるように、「1ギガバイトは1000メガバイト」と計算した数値をパッケージなどに記載しています。1層式のDVDメディアの容量が「4.7GB」とあっても、実際には4.3GB程度しか書き込めないのは、このためです。

ファイルを圧縮するって、どういうことか？

ファイルのサイズが大きすぎると、扱いにくいことがあります。たとえば、DVDメディアにバックアップファイルを書き込もうとして、1枚に納まりきれず2枚になってしまったり、USBメモリーに保存しようとしたら容量オーバーで保存できない、ということもあるでしょう。そのような場合、==ファイルを圧縮するとサイズが小さくなります==ので、問題を解決できます。

毎月の決算ファイルをDVDメディアに保存しようとしたら5GBもあって、2枚も使うのはもったいないな〜って思ってしまいました。

ファイルを圧縮したら、1枚のDVDメディアに納まるかもしれないよ。

では「**ファイルを圧縮する**」というのは、どういうことでしょうか？ 実はファイルを構成する「0」と「1」のデータのなかには、重要な部分と削除してもかまわない部分(冗長性)があります。この**冗長性を取り除いて、本質部分のみを残すことを"圧縮する"**と呼んでいます。

圧縮されたファイルを開くには、必ず同じ方法で元の形に**解凍**(「展開」「伸長」とも呼びます)するのがルールです。そして、覚えておかないといけないのは、「圧縮ファイルを解凍するには、その圧縮形式に対応したアプリケーションソフトが必要だ」ということです。

Windowsパソコンで一般的に使われているのが**ZIP(ジップ)形式**です。これはWindowsに標準で付属している「**圧縮フォルダー**」が対応している形式ですので、特に圧縮・解凍ソフトを用意しなくても、すぐにZIPファイルを作成(もしくは解凍)することができます。

圧縮フォルダーの使い方はたいへん簡単で、**圧縮したいファイルを右クリックして、[送る]メニューのなかの[圧縮(zip形式)フォルダー]を選ぶ**だけ。元となるファイルやフォルダーと同じ場所に圧縮されたファイルが作成されます。このファイルのアイコンは閉じたフォルダーにジッパーが付いた(圧縮元がフォルダーでもファイルでも同じ)絵柄になります。ファイル名は圧縮元と同じですが、拡張子は「zip」となります。

そして、この絵柄のアイコンが付いた圧縮ファイルは、ダブルクリックするだけで解凍され、ファイルを開くことができます。

■ ［送る］→［圧縮（zip形式）フォルダー］を選ぶだけでファイルを圧縮できる

■ 作成された圧縮ファイル

　このように、圧縮フォルダーはWindowsの機能の一部として溶け込んでいますが、これは圧縮用のアプリケーションソフトを使っているのです。

　なお、Macの場合も、ファイルやフォルダーを圧縮する機能が標準で備えられており、メニューから簡単にZIP形式で圧縮することができます。この圧縮ファイルはWindows上で解凍することができますので、やりとりに困ることはないでしょう。ただし、Mac上で圧縮したファイルに日本語が使用されている場合は、Windowsで解凍する際に文字化けを起こしてしまいます。ファイル名は半角英数字で付けるか、別の圧縮ソフトを『窓の杜』（http://www.forest.impress.co.jp/）などで入手して使用するようにしましょう。

メールを使った添付ファイルのやりとりについて

　インターネットの普及によりメールでのやりとりが一般化し、ビジネスの進行は格段にスピードアップしました。

　たとえば、取引先に見積書を渡すにも、以前は直接持っていく、郵送する、FAXで送るといった方法がありましたが、メールが登場してからはファイルを添付して送信するケースが多くなっています。

メールに添付ファイルを付けて相手に渡すことは、ビジネスの場では一般的だけど、添付の仕方にはルールがあるの。きっちり決まっているわけではないけれど、ビジネスマナーのひとつと考えて身につけておこうね。

それって、知らないと恥ずかしいこと？　あっ、相手に迷惑を掛けることになったら大変ですよね。しっかり覚えます！

　最近のウイルスの猛威は企業にとって大きな問題になっており、セキュリティ対策はどこも神経をとがらせている部分です。外部からの侵入を防ぐため、見知らぬ添付ファイルは開かないことは、個人・企業の区別なく常識です。
　メールに添付ファイルを付けて、相手に送る際のルールとして下記のことが挙げられます。

- 事前に添付ファイルを送信してもよいかの確認をする
- 複数のファイルがある場合は、圧縮して1つのファイルにまとめる
- 一通のメールに添付するファイルの容量は最大でも3MB以下とする
- 添付ファイルの容量が大きい場合は、分割して複数のメールに添付して送る

　これらの事項は、いずれも受信する相手に負担を掛けないための配慮です。この頃はネットワーク回線も高速となり、ある程度の容量があるメールでも送受信が容易になってはいます。しかし、すべての人が、十分なネット環境を利用できるとは限りません。
　たとえば、大量の資料ファイルを添付して取引先のビジネス用のメールアドレス宛に送信したら、どうでしょう？回線速度やファイルの容量によっては、そのメールをすべて受信しなくては、別のメールを受け取ることができず、迷惑を掛けてしまうことになります。
　このように、**受信側のネット環境によっては、容量の大きな添付ファイルは迷惑**でしかありません。ファイルを分割したり、複数のメールに分けて添付ファイルを送るのは、ともすると面倒に感じるでしょう。しかし先方の会社まで書類を持参したり、郵送することに比べれば、さほど時間の掛かる作業ではありません。
　添付ファイルの送り方ひとつで、取引相手から信頼されることもあれば、逆に信頼を失うこともあります。ビジネスの場だからこそ、相手を思いやる気持ちは常に持っておきたいものです。

column

大容量ファイルを相手に渡したいとき

　　　メールを活用することで、仕事がスムーズに進むのはよいのですが、やりとりするファイルの容量が大きいときは、どう対処するかを考えなくてはなりません。

　本文では一通のメールで添付するファイルの容量の上限を「3MB」としていますが、これはあくまでも目安です。容量の大きな添付ファイルは、メールサーバーの容量を消費するため、人によっては「1MB」以上のファイルは受信しないようメールソフトで設定している場合もあります。

　相手が受信できない大きさのファイルを渡したいとき、==クラウドサービスを利用する==、という方法があります。こちらが渡したいファイルをクラウドサービスが用意しているファイル保管庫にアップロードしておき、そのURLを相手にメールで知らせてダウンロードしてもらう、というのが基本的なやり方です。これならファイル自体をメールに添付することはありませんので、容量を気にすることなくファイルの受け渡しが可能です。

　会社が特定のクラウドサービスと契約しているのなら、それを使えばよいのですが、==個人の判断で利用するときはセキュリティ面に十分注意==してください。ファイルにパスワードを掛けてアップロードする、相手がファイルをダウンロードしたらただちに保管庫からファイルを削除する、という2点は必ず心がけましょう。

　近年、クラウドサービスは利便性の高さから、ビジネスの場でも急速に利用が拡がっています。有料サービスのなかには、セキュリティを強化しているものもあり、物理的な故障が懸念されるハードディスクなどとは違ったファイルの保存先ともなります。

　ただし、あくまでもクラウドサービスはインターネットに存在しているものであることを忘れてはいけません。セキュリティの甘さから悪意のある者の侵入を許して情報が盗まれたり、サービス側の不手際で利用者のファイルが消失することがないとも限りません。ファイルの保管庫として、また受け渡し場所として活用するとき、過信しないことは肝に銘じておきましょう。

第5章

重要なファイルを失わない
ために知っておくべきこと
~膨大な作業時間と労力の結晶が、一瞬で消える事実

　長い時間をかけ、あらゆる労力を注ぎ込んで完成したファイルは、仕事を推し進めるために貴重な存在です。しかし、ファイルゆえに消えるときは一瞬です。この特性を理解して、いかにファイルを失わないようにするか、という点を考えていきましょう。

パソコン作業において、もっとも効率が悪い事態とは

パソコンで作業をしているなかで、もっとも効率が悪い事態とは、なんでしょう？ それは"必要なファイルが使えない"ときです。具体的には、下記のような場合を指します。

- ファイルが開かない
- ファイルが見つからない
- ファイルの内容が違う、消えた

ファイルが開かないときって、ものすごく困るんですよね。特に急ぎの仕事のときは、あせってクリックしまくって、ますます混乱しちゃうんです。

ファイルが開かない、使えない事態に直面したとき、どのように判断して、どう行動すべきかを考えてみようね。

ファイルが開かない

ファイルそのものは手元にあるのに、いくらダブルクリックしても開かない。このときは、対応できるアプリケーションソフトが自分のパソコンに入っていない（参照 P.117）か、拡張子の問題（参照 P.119）が起きているときです。

この2点をクリアしても問題が解決しないときは、ファイル自体が"壊れている"と判断します。

壊れたファイルの修復は、時間と手間が掛かりすぎる上に、修復できる可能性は低いものです。無理に修復しようとはせず、バックアップがあるのならば、そのファイルを使います。また同じファイルを持っている人がいるなら、ファイルをコピーして渡してもらいましょう。

実はファイルが壊れることは、さほど頻繁には起きません。筆者の長いパソコン歴のなかで、ファイルが壊れているという現象は、メールでの添付やオンラインストレージからのダウンロードをした場合がほとんどで、いずれもネットを経由して入手したものばかりでした。こちらに届くまでに、ネット内で何らかの不具合が生じてファイルが壊れたらしく、どうしても開くことができませんでした。送り主の持っているファイルには問題がない、とのことでしたので、再送してもらって事なきを得ました。

またUSBメモリーやDVDメディアに書き込んだはずのファイルが壊れて開かないということがありますが、これは解決は難しいものです。書き込み時にエラーがあったか、メディアそのものに支障があってファイルを読みだせないのであれば絶望的です。ただし、これは外部メディアを正しく使用すれば、ある程度は回避できます。外部メディアにファイルをバックアップする際の注意点などは後述します（参照 P.193）。

■ファイルが見つからない

　適切なファイル名を付けておいたのなら、エクスプローラーの［表示］タブでレイアウト（参照 P.149）を見やすいものに変更すれば、案外あっさり必要なファイルを見つけることができます。

　どのフォルダーに格納したかわからない。ファイルが多すぎて、どこから探したらよいかもわからない――といった事態でファイルが見つからないときは、パソコンの検索機能を駆使することで解決できます。

　パソコンを使う限りは、検索のノウハウ（参照 P.173）は身に着けておく必要があります。これは、Windows10の機能を知っておけばクリアできます。

■ファイルの内容が違う、消えた

　一番やっかいなのが「ファイルの内容が違う」ときと「ファイルが消えた」というときです。おおむね自分の誤操作によって引き起こしており、バックアップをとっていない場合は解決が難しい。いや、ほとんど解決ができず、一からファイルを作り直すという最悪な手段しか対処法がありません。

　同じファイルを再度作成するなんて、仕事の効率性アップを目指すビジネスパーソンにとっては、一番腹立たしい作業となります。

　そういった事態を招かないよう、日頃から注意が必要ですが、どう注意すればよいかわからない人もいるでしょう。まずはファイルを失ってしまう要因は何かを知り、そのうえで回避する術を身に付けましょう。

column
アイコンが真っ白な見知らぬファイル

　自分が作成した覚えのないファイルが突然現れている。ファイル名を見ても、何のファイルかわからないし、アイコンは真っ白で何の絵柄もついていない……。

こんなファイルを見つけたとき、決して無理に開こうとはしないでください。どこかから侵入した、ウイルスの実行ファイルかもしれません。安易にダブルクリックしたら、またたく間にウイルスに感染した、という事態になるかもしれません。

アイコンが白紙になっているファイルは、通常なら拡張子（参照 P.119）がファイル名になく、Windowsがファイルの種類を判断できない状態にあるためです。それを逆手にとって、アイコンの絵柄で実体がバレないように、巧妙に姿を変えている<mark>ウイルスの実行ファイル</mark>である可能性があります。

<mark>正体不明のファイルを発見したら、問答無用で削除</mark>してもかまいません。どうしてもファイルの内容を確認したい場合は、必ずウイルス対策ソフトを使って有害なファイルでないかチェックした上で、ファイルを開けるアプリケーションソフトを探しましょう。

ディスプレイ画面に表示されている内容は、"保存"されているか？

まずは、大切なファイルを失わないための基礎的な部分を説明していきます。新規にファイルを作成するところから、話をはじめましょう。

「ファイルを保存する」ということが、ハードディスクという記憶装置にデータを書き込んでいくものだと考えれば、すんなり理解できるよ。

パソコン内部を事務所にたとえました（参照 P.116）が、作業机であるメモリーの特性は、電源を切るとそれまで記憶していたことをきれいサッパリ忘れてしまう、という点です。いくらディスプレイの画面には、完成度の高い企画書が映し出されていても、ファイルとして保存されていなければ、それは幻でしかありません。停電が起きてパソコンの電源が切れた瞬間に、すべて消えてしまいます。

そういった事態が起きないように、こういった手順をとることをお勧めします。
どんなファイルであっても、<mark>新規作成の画面を開いたら、ただちに簡単な文字を入れて「名前を付けて保存」を実行</mark>（参照 P.123）します。こうしてファイルの保存場所とファイル名を決めれば、ハードディスクにファイルとして書き込まれます。<mark>ハードディスクはメモリーと違って、電源が切れてもずっと記憶は保った状態のまま</mark>ですので、このファイルが消えてしまうことは、まずありません。作業机の上にあっ

た書類を引き出し入れて保管した、という状態になったのです。あとは、このファイルにデータを上書きしていきます。

そしてデータを上書きしたあとは、「上書き保存」という操作を忘れてはいけません。「名前を付けて保存」をした時点から、内容を変更したものは、メモリーという作業机の上に置かれているだけのものです。「上書き保存」という操作をすることで、ハードディスクの内容がどんどん書き換えられていきます。

では「どのタイミングで上書き保存をすればよいのか？」と考える人もいるでしょう。ものすごく素朴な疑問ながら、コレといった正解はありません。あえていうなら、「ここまで入力した内容が、消えたら困る！」というタイミングで実行する、という感じです。

たとえば、Excelで顧客リストを作成していたとします。氏名、会社名、役職名、住所、電話番号、メールアドレスと、一人ずつの情報を入力していきます。

1人分を入力するつど、上書き保存をしていると、どうも入力がスピーディに進まない。では、5人分を入力してから上書き保存するとしたら、どうだろう。「もし5人分が消えてしまったら、再度同じ5人の入力をするなんて面倒だな」と思えてきて、いつトラブルが起きるかとビクビクしてしまう。そのように考えると、どうでしょう？

う～ん、僕なら入力のスピードよりも、途中でデータが消えちゃう危険性を重視して、3人分入力するたびに上書き保存するのが、ちょうどいい感じかな。

このように、上書き保存のタイミングは自分の判断次第、となります。といっても「すべての作業が終わるまで一度も保存をしない」ということは"ありえない"こと。もっとも危険なやり方です。

上書き保存のショートカットキーは、[Ctrl]＋[S]キー（参照 P.086）です。操作自体は数秒しか掛からないものですが、忘れずに実行することが大切なのです。

作業をしている途中に、何らかのトラブルが起きる可能性は常にあります。もしかしたら、「変更を保存しますか？」のダイアログが表示されたときに、自分

の勘違いで「いいえ」を選んで上書き保存をしない状態でウィンドウを閉じてしまうかもしれません。あるいはパソコンから離れている間にWindows Update（参照 P.228）が実行され、強制的にアプリケーションソフトが終了されてしまい、上書き保存をしていなかったデータがすっかり消えてしまうことも考えられます。

ファイルの作成に掛かったら、常に"万が一"の事態を想定して、<mark>作業途中に上書き保存は必ず実行</mark>するように心がけましょう。これはパソコンを使う人すべてに共通する、重要な心得です。

「上書き保存」と「名前を付けて保存」の違いとは？

ファイルにとって保存というのは、非常に重要な操作です。この保存には「上書き保存」と「名前を付けて保存」の2種類があるわけですが、両者の違いをきちんと把握しておきましょう。

どうして［ファイル］メニューに「上書き保存」と「名前を付けて保存」の2つがあるのか、実は不思議に思っていました。

どちらも「保存」する操作には違いがないけれど、使い分けができないとファイルを管理するとき混乱してしまうよ。ここでしっかり覚えようね。

「<mark>上書き保存</mark>」とは、これまで説明してきたとおり"<mark>今あるファイルの上から変更した内容を書き込む</mark>"という方法です。パス（参照 P.136）で説明すると、そのファイルと「まったく同じパスを指定する」ことになります。

一方、「<mark>名前を付けて保存</mark>」は"<mark>今あるファイルとは別物として新しいファイルをつくる</mark>"という方法です。試しに、いま開いているファイルのメニューから「名前を付けて保存」を実行してみましょう。同じ場所に同じ名前のファイルは存在できませんので、「名前を付けて保存」ダイアログで保存場所、ファイルの名前、ファイルの種類（拡張子）のいずれかを変更しなくてはなりません。つまり元のファイルと内容を変更してつくった新しいファイルのパスが同一にならないようにするわけです。

たとえば、こういった失敗談があります。

A社に提出した見積書をベースにして、B社の見積書を作成していました。すで

にでき上がっているファイルを開き、A社の見積もりの数値や社名を変更して、B社用の見積書が完成。A社の見積書は残した状態で、B社の見積書を作成したかったので、「名前を付けて保存」を実行しました。このとき表示されたダイアログのファイル名が「見積書」であったために、特に気にせず［OK］ボタンを押しました。すると、「見積書は既に存在します。上書きしますか？」との警告メッセージが表示されたのですが、意味を理解しないまま［はい］ボタンを押してしまったのです。

　この操作により、A社の見積書の内容はB社のものに書き換えられ、A社の見積書は消えてしまいました。いくら「名前を付けて保存」を実行しても、パスが同じ設定なら、それは上書き保存です。そういったミスを防ぐために、Windowsは警告メッセージを表示してくれるのですが、よく確かめずに上書きを許可してしまっては、元ファイルの内容は消えてしまいます。

　一度上書きされてしまったファイルは、基本的に元には戻りません。WordやExcelのようなOffice系ソフトなどのなかには、上書きされたファイルの復元機能を持つものもあります。が、そういった機能がないアプリケーションソフトでは"万事休す"です。

僕も同じミスをしたことがあります。そのときは「見積書」という同じ名前のファイルをいくつも作って、複数のフォルダーに入れていたので、必要なものを見失ったと勘違いしていました。

自分でファイルを書き換えたことにも気づかなかったんだね。同じ名前のファイルを複数つくるときは、ファイルの保存場所をしっかり把握すること！　そして元ファイルを活用するときは、やり方を工夫しようね。

　元ファイルを活用して新たなファイルを作成するとき、元ファイルをなくさないためには、まずはコピーファイルを作りましょう。ファイルを右クリックした状態で少しだけドラッグするとメニューが表示されます。［ここにコピー］を選ぶと、同じ場所にコピーファイルが作成されます。ファイル名は「〇〇（元ファイルの名前）-コピー」となります。同じ作業を続けて行うと、「〇〇（元ファイルの名前）-コピー-コピー」もしくは「〇〇（元ファイルの名前）-コピー（2）」というファイルが作成されます。

▌元ファイルを右クリックしたまま
　ドラッグしてコピーファイルを作成

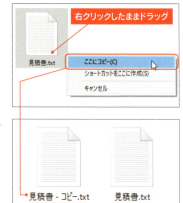

▌同じ場所にコピーファイルが作成される

　作成されたコピーファイルの内容を編集するようにすれば、誤って元ファイルを上書きしてしまうというミスは回避できます。ただし、コピーファイルのファイル名は必ず変更しましょう。ファイル名を変更しないままでは、あとから何のファイルであるかわからず混乱の原因となります。

　ファイル名の変更は、ファイルを右クリックして［名前の変更］を選択するか、ファイル名部分を一度クリックして少しドラッグすると、ファイル名の部分が編集できるようになります。この際、拡張子を消したり、他の文字列に変えてしまうと、ファイルが正しく開かなくなります（参照 P.119）。「.（ドット）」から後ろの文字は触らないようにしましょう。

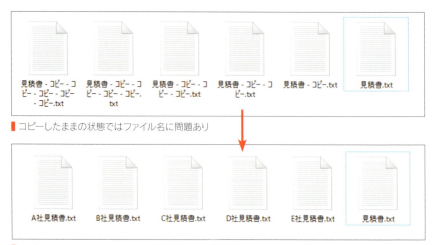

▌コピーしたままの状態ではファイル名に問題あり

▌コピーファイルを編集したあとはファイル名を必ず変更しよう

重要なファイルを変更されないための対策法

作成したファイルを第三者と共有するとき、何も設定せずに渡してはいませんか？ 自分が作成したファイルとはいえ、誰もが変更できる状態では、トラブルの元となります。

紙の書類なら筆跡の違いで、改ざんされたことに気づきやすいものだけど、ファイルはそうはいかないって、わかるよね？

Word文書の文面でもExcelの表でも、内容まで完全に記憶しておくなんてできないから、誰かが文字や数字をこっそり変更しても気づけないです。

たとえば「このプロジェクトでは、掛かる経費が1,000,000円」という内容の見積書を作成し、社内の共有フォルダーに入れて他部署に渡したとします。何人もの社員が、このファイルを開いて見るうちに、誰かが金額を100,000円に書き換えてしまったら、どうでしょう。見た人のタイミングで見積金額が違ってしまい、どの部署でも正確な数字がわからず混乱。確認作業が発生して、仕事の進捗に大きな支障が出ることになります。

こういった事態を回避するために、==ファイルを簡単に改ざんできないように設定する==必要があります。

どういった設定があるか、具体的に紹介しましょう。

ファイルを読み取り専用にする

どんなファイルであれ、==誰もがファイルは開くことができるが簡単に内容を変更できない==ように「読み取り専用」に設定することができます。

方法は簡単です。

① 任意のファイルを右クリックして、メニューから[プロパティ]を選択します。
② [プロパティ]ダイアログの[全般]タブにある[属性]の[読み取り専用]にチェックマークを入れて[OK]ボタンを押します。

ファイルを「読み取り専用」に設定する

読み取り専用のファイルの内容を変更して上書き保存をしようとすると、どんな挙動になるかといえば"意地でも上書き保存はさせない"という感じです。
　上書き保存を実行しようとすると、ただちに［名前を付けて保存］画面が開きます。このままの状態で保存をしようとすると、「○○は既に存在します。上書きしますか？」というメッセージが表示され、それに［はい］と応じると、「このファイルは読み取り専用に設定されています。別のファイル名を選んで再実行してください」と表示されます。［OK］ボタンしかないので、それを押すと、再度［名前を付けて保存］画面に戻ります。ここで上書きしたものを別のファイルとして作成するか、上書きをあきらめて［キャンセル］ボタンを押すしかありません。

　社内でファイルを共有しているなかで、ファイルの内容を変更しようとしたとき、読み取り専用ファイルになっていると、「あ、これは勝手に変更してはダメなんだな」と気づくものです。読み取り専用ファイルにしておくことは、安易な変更を抑止するには役に立つでしょう。また自分で作成したファイルであっても、勘違いで変更してはいけないものは、あえて読み取り専用ファイルにしておくと、自分に対するガードにもなります。
　ただし、読み取り専用ファイルを通常のファイルに戻すことは、誰もが簡単にできる点は忘れてはいけません。ファイルのプロパティ画面で、属性にある読み取り専用のチェックマークを外せば、上書き保存ができるようになります。
　その点からすると、読み取り専用に設定したからといって、絶対にファイルを改ざんされないとは限りません。

■ファイルにパスワードを設定する

　第三者にファイルを改ざんされたくない場合、ファイルにパスワードを設定する方法があります。パスワード設定機能を持っているアプリケーションソフトを使っている場合は、大いに活用しましょう。
　たとえばExcelには、次の2種類のパスワード設定機能があります。

> ・読み取りパスワード
> 　　ファイルを開くときに要求されるパスワード
> ・書き込みパスワード
> 　　上書きするときに要求されるパスワード

　一例ですが、「書き込みパスワード」のみを設定したとします。この場合、ファ

イルは誰でも開く(読み取る)ことはできますが、上書きをしようとすると、パスワードを知っている人しかできない、ということになります。この状態のファイルを社内の共有フォルダーに保存しておき、ファイルを変更してもかまわない人にだけパスワードを教えるようにするのです。

そして大事なことは"自分で設定したパスワードを忘れない"ということです。パスワードを忘れてしまっては、自分でもファイルを変更することができなくなります。

なお、「書き込みパスワード」はファイルの編集を制限するためのものであり、セキュリティ機能ではありません。

圧縮ファイルにしてパスワードを設定する

すべてのアプリケーションソフトがパスワード設定機能を持っているわけではありません。とはいえ、ファイルにパスワードを設定して、限られた人だけにファイルを渡したいときがあります。

そういう場合は、パスワードを設定できるフリーの圧縮・解凍ソフト『Lhaplus』を使ってみましょう。このソフトはファイルを圧縮する際にパスワードの設定ができます。

・Lhaplus（フリーウェア）
　入手先：http://www7a.biglobe.ne.jp/~schezo/
　制作者：Schezo

Lhaplusをインストールすると、ファイルを右クリックしたときに表示されるメニューには、［圧縮］→［.zip(pass)］という項目が追加されます。これを選択すると、パスワードの設定フォームが表示されますので、任意の文字列を入れましょう。

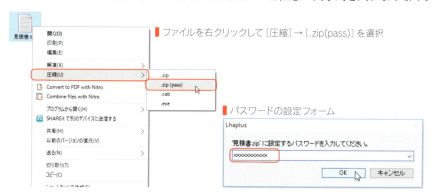

▌ファイルを右クリックして［圧縮］→［.zip(pass)］を選択

▌パスワードの設定フォーム

パスワードを設定して作成した圧縮ファイルは、解凍時にパスワードの入力を求められます。パスワードを知らない人は、解凍できませんので、ファイルを開くことも内容を変更することもできません。

もともと圧縮ソフトは、ファイルのサイズを小さくする目的で使うものですので、どんな種類のファイルでも利用できます。圧縮形式はWindowsではよく使われるZIP形式ですので、ビジネスの場では誰もが対応しやすいものです。パスワードを設定したいファイルをまとめて圧縮して、Lhaplusでパスワードを設定するといった使い方も便利です。

column パスワード設定済みのファイルをメールで送るとき

パスワードを設定したファイルをメールに添付して送信するとき、本文にはパスワードを記載してはいけません。別にもう1通、パスワードを記載したメールを作成して送ります。そのメールには「○○ファイルのパスワード」というような件名は付けないようにしましょう。

これはメールの送信先を間違えてしまったときに、受信した人がファイルを開けないようにするための防御策であり、添付ファイルとパスワードを別々に送るのは、ビジネスマナーでもあります。

ただし、セキュリティ面を重視するのであれば、パスワードは直接電話で伝えるなど、あらかじめ双方で決めておくほうがベターです。

作成したファイルが見つからないとき

作成したはずのファイルが見当たらない、保存場所がわからないときは、検索機能を使いましょう。

僕はファイルの保存場所がすぐわからなっちゃうので、検索はよく使うんです。だけど結果が出るまで時間が掛かるのは、困るんですよね。

それは検索の仕方に問題があるのかもしれないよ。効率よく検索するキモがあるので、ここでしっかり把握しておこうね。

"検索"というパソコンならではの機能は、自分が見失ったファイルを探し出す

のにたいへん重宝します。とはいえ、検索する対象が多すぎると結果が出るまで時間が掛かったり、検索した結果に自分が求めていないファイルまで表示されてしまうと、そこから目的とするファイルを探し当てる手間が生じたりと、一筋縄ではいかない部分があります。

　Windows10には、検索ボックスが2か所に用意されています。ここでは"自分の作成したファイルを探す"ことにポイントを絞って、具体的な使い方を紹介しましょう。

▍タスクバーのCortanaを使う

　タスクバーにある「何でも聞いてください」ボックスは、『Cortana（コルタナ）』と呼ばれる音声認識型のアシスタント機能です。ユーザーが音声を使って検索を実行させることができます。対象となるのはアプリ、ファイル、設定、そしてWebページ（ただしブラウザーは『Microsoft Edge』、検索サイトは『Bing』限定）です。

　多くの人が働くオフィスで音声認識機能を使うということは、まずないでしょう。この「何でも聞いてください」のボックスはキー入力も可能ですので、無理に音声で操作する必要はありません。Webまで含めたパソコンの総合検索機能として活用しましょう。

▍Cortanaの起動画面。キー操作でも利用可。ファイル検索なら「ドキュメント」をクリック

▍検索結果が一覧表示される

「何でも聞いてください」ボックスを一度クリックして、探したいファイル名などを入力していくと、すぐに検索が実行されます。ボックスの上に検索結果一覧が表示されますので、ファイル名にマウスポインターを合わせると、バルーンがあらわれてファイルの保存場所のパスを教えてくれます。ファイル名をクリックすることで直接ファイルを開くこともできます。

また「何でも聞いてください」ボックスをクリックすると、Cortanaの起動画面が開き、検索対象としてアプリ、ドキュメント、Webのボタンが並びます。Cortanaを使わない場合でも、このボタンを使って対象を絞り込むこともできます。

■エクスプローラーの検索ボックスを使う

エクスプローラーの右上にある検索ボックスがあります。ここでは**表示中のフォルダーが検索対象**となります。そのため、探しているファイルが、開いているフォルダー内になければ検出されません。

見失ったファイルの保存場所がわからない場合は、まずは「ドキュメント」フォルダーで検索をかけ、それでも見つからないときは「PC」を選ぶ、というように範囲を広げていきましょう。使っているパソコンに外付けハードディスクやUSBメモリーが接続されている場合、それも検索対象として選択することは可能です。

検索結果には検索した語句が名前にあるフォルダーやファイルが一覧表示されます。この画面でファイルを開くこともできます。ファイルの保存場所を確認したいときは、レイアウトを「詳細」(参照 P.150)にすれば[フォルダー]項目に、またはファイルを右クリックして[プロパティ]を選択し、プロパティ画面の[全般]タブにある[場所]にパス(参照 P.136)が表示されます。

■エクスプローラーの検索ボックスで場所を絞って検索する

エクスプローラーのリボンに表示される［検索ツール］のオプション機能は、使い方次第で重宝する機能です。

たとえば「今週使ったファイルを確認したい」「容量が大きなファイルだけチェックが必要」というような用途別にファイルやフォルダーを表示させることができます。［更新日］［分類］［サイズ］［その他プロパティ］というボタンがありますので、どのような検出方法があるか、ひととおりチェックしておきましょう。

［更新日］によってファイルを検出するなど、条件によってファイルを一覧表示できる

ファイルの内容まで検索対象にしたい

Windows10の検索機能には、ファイルの内容まで検索の対象とすることができます。エクスプローラーの検索ボックスをクリックすると、画面上部のリボンに［検索ツール］タブが表示されます。［詳細オプション］ボタンを押し、「ファイルコンテンツ」にチェックマークを入れると、検索対象がファイルの内容までおよびます。

ファイルコンテンツを有効にしてファイルの内容まで検索対象にする

ただし、対象となるのは「インデックス」（参照 P.176）という検索用データベースに登録されているフォルダー内のファイル限定です。Windows10が初期設定のままであれば、「ユーザー」フォルダーが該当します。

検索する正しいファイル名がわからないとき

検索する際に、正しいファイル名がわからない場合、「ワイルドカード」を使ってみましょう。

ワイルドカードとは、ファイル名やフォルダー名を検索する際に利用する特殊文字のことです。いずれも半角で「 ? （クエスチョンマーク）」と「 * （アスタリスク）」がありますので、それぞれ使い方を紹介します。

- 任意の1文字を表す「?」

たとえば「見積書00?.doc」と指定して検索すると、「見積書001.doc」「見積書002.doc」「見積書00A.doc」などのファイルを探すことができます。

- 1文字以上の任意の文字列を表す「*」

たとえば「見積書*.doc」と指定して検索すると「見積書-A.doc」「見積書001.doc」などのファイルを探すことができます。

また「*.doc」で検索すると、拡張子「doc」のファイルすべてを検出することができます。

> column
> ### ファイルの内容まで検索したい？
>
> 　Windows10が持つ、インデックスファイルを使っての検索機能は、ファイルの内容まで検索の対象とするものです。
> 　たとえば「唯野商会」という文字がファイル名になくても、ファイルの中身に記載があれば、それを検出して、検索結果の一覧に該当するファイルをエクスプローラー画面に表示します。
> 　ここまで検索するためには、Windowsが各ファイルの内容を事前に知っておかなくてはなりません。そのため「インデックス」と呼ばれる検索データベースの作成が必要となります。
> 　通常は「ユーザー」フォルダーが対象となっていますが、たとえばハードディスクにパーティションを設けて作成しているDドライブ、ファイルのバックアップ用に接続している外付けハードディスクなどのインデックスも作成するように追加が可能です。
> ①［スタート］ボタンを右クリックして［コントロールパネル］を選択します。
> ②画面右上の［表示方法］をアイコン表示にし、［インデックスのオプション］をクリックします。
> ③［インデックスが作成された場所］ダイアログの［選択された場所の変更］に表示されるディスクのうち、対象としたいものにチェックマークを入れて［OK］ボタンを押します。
> 　これにより、ファイルの内容まで検索できる対象が増えるわけですが、デメリッ

トもあります。インデックスの作成が実行されている間はパソコンが重くなりますし、作成されるインデックスが増えることでハードディスクの容量を消費してしまうことにもなります。

筆者はファイル名を正しく付けておけば、ファイルの内容まで検索することはないと思っています。便利だからといって、使うかどうかわからない機能のために、インデックスファイルの作成を追加しなくてもよいのではないでしょうか。

それよりも検索をよりスピーディに行うために、重要度の高いファイルのみ保存するディスクやフォルダーを作成し、インデックスファイルの作成対象にしておく、といった使い方をするのであれば作業の効率化の助けにはなるかもしれません。

▎インデックスファイルを作成する対象を広げることはできるけど

column
Cortanaにまつわる仕様のあれこれ

実はCortanaは、2016年のAnniversary Updateで本格的に"使える"ようになった機能です。Windows7や8/8.1から10にアップグレードしたパソコンでは、機種によってはCortanaが利用できないものがあります。

また、Cortanaが必要ない場合、無効にすることはできません。どうしても使いたくないなら、Cortanaを非表示にしましょう。タスクバーを右クリックして表示されるメニューから[Cortana]にある[表示しない]を選択します。

これでCortanaを使うことはなくなりますが、一緒にボックスも消えますので、検索もできなくなります（微妙な仕様ですね）。

▎Cortanaを使用しないように非表示にするとよい

ダウンロードしたファイルが、どこにあるかわからない

プレゼンテーションを行うとき、さまざまな資料をWebサイトからダウンロードして情報を集める、というのはビジネスシーンでよくある光景です。Webページにある［ダウンロード］のボタンを押すと、必要なファイルが自分のパソコンにダウンロードされるのですが、そのファイルがどこに保存されたかわからない。ダウンロードされたファイルの名前がわからないので、検索もできずに頭を抱えてしまった、という経験はありませんか？

そうそう。ダウンロードしたはずの資料ファイルを見つけられず、結局その資料を使うことをあきらめたことがあります。

そんなに簡単にあきらめちゃダメ。ブラウザーごとにダウンロードファイルの保存場所を確認しておこうね。

旧バージョンの『Internet Explorer』をはじめ、一昔前のブラウザーではファイルをダウンロードする際に必ず保存場所を指定する画面が開いていました。現在は、==あらかじめ設定されたフォルダーに自動的に保存される==ようになっており、ダウンロードするたびに場所を指定する必要はありません。ユーザーの手間がひとつ省略されたのですが、その反面ダウンロードファイルの行方を見失ってしまいやすくなっています。

ダウンロードしたファイルの保存先は、使っているブラウザーソフトの設定にもよります。Windows10に付属している==『Internet Explorer』『Microsoft Edge』では、ダウンロードしたファイルは［ダウンロード］フォルダーに保存==されています。このフォルダーはエクスプローラーを開いて、画面左ペインの「PC」をクリックして表示されるフォルダー群の中にあります。もし見当たらなければ、Cドライブにあるユーザーフォルダーを開くと表示されます。

［ダウンロード］フォルダーにわざわざアクセスするのが手間だと感じるのであれば、ブラウザーからダウンロードした直接ファイルを開いたり、［ダウンロード］フォルダーを開くことができますので、手順を紹介しましょう。

▌Internet Explorer11の場合

起動した画面の右上にある［ツール］ボタン ⚙ を押し、メニューから［ダウンロードの表示］を選ぶか、ショートカットキーの［Ctrl］＋［J］キーを押します。［ダ

ウンロードの表示と追跡]画面が開きます。ここにダウンロードしたファイルが一覧表示されます。

　[場所]欄に表示されるフォルダー名（初期設定では[ダウンロード]）をクリックすると、ダウンロードしたファイルが保存されている場所が開きます。また、[ファイルを開く]ボタンを押せば、該当のファイルを直接開くことができます。

[ダウンロードの表示と追跡]画面でダウンロードファイルを管理できる

Microsoft Edgeの場合

　起動した画面の右上にある[ハブ]ボタン■を押し、■ボタンをクリックするとダウンロードしたファイルが一覧表示されます。[フォルダーを開く]をクリックするとダウンロードフォルダーが開き、ファイル名をクリックすればファイルを直接開くことができます。

　なお[すべてクリア]にある■マークを押すと、過去のダウンロード一覧からファイル名は消えますが、ファイル自体は消えることはなく、[ダウンロード]フォルダーに保存されたままです。

ダウンロードしたファイルが一覧表示される

column ブラウザーに表示されたPDFファイルを保存したい

　使っているパソコンに『Acrobat Reader』などPDFファイルの閲覧ソフトがインストールされている場合、WebページのPDFファイルへのリンクをクリックすると、ブラウザー上でファイルが開いてしまいます。このファイルをダウンロードして保存しておけば、Webページにアクセスしなくても好きなときに内容を見ることができます。とはいえ、開いているPDFファイルをダウンロードするには、どうすればいいのか、わかりにくいですよね。

　ほとんどのブラウザーには、閲覧しているWebページを保存する機能があります。PDFファイルを表示している画面の上部や下部に[別名で保存]または[保存]ボタン(フロッピーディスクのボタンである場合が多い)をクリックすると、[名前を付けて保存]画面が開かれます。

　Internet Explorer11やMicrosoft Edgeでは、保存場所を[ダウンロード]フォルダーに指定していますので、そのまま保存を実行しましょう。

　また、Webページ上でPDFファイルを開かずにリンクを右クリックして[対象をファイルに保存]を選ぶと[名前を付けて保存]画面が表示されます。

■ Microsoft Edgeの[保存]ボタン

削除してしまったファイルは復元できるのか?

　どんなに優秀な人であっても、ミスをすることはあります。重要なファイルを誤って削除してしまう、というトラブルはパソコンを使っている限り、誰にでも起こりうることです。そういったとき、どう対処すべきか知っておきましょう。

 まずは、ファイルの作成そして削除の仕組みの説明から。ここがわかると、誤ってファイルを消してしまっても、まず何をすべきかが見えてくるからね。

 ファイルの削除の仕組みなんて、全然知りません。ここは、しっかり聞いておきたい話です!

　ファイルを作成すると、データはハードディスクに書き込まれます。前述のたとえ話(参照 P.116)のように、ハードディスクはファイルを収納する机の引き出し

のようなもの。この引き出しの中は、番号の付いた小さな間仕切りが複数あり、それぞれのエリアに番号が振られています。このエリアにデータがちまちま入っていき、「このファイルのデータは〇番から〇番までに入っている」という情報が"台帳"に記載されます。

私たちがファイルを開こうとアイコンをダブルクリックすると、Windowsは台帳にある情報を読み取って、そこに記載されていた番号のエリアにあるデータを呼び出してファイルを開く、という仕組みです。

ユーザーがファイルを削除すると、Windowsは台帳からそのファイルの情報を消します。そして台帳には「〇番から〇番は空きの状態」と記載されますが、該当のエリアに入っているデータはそのまま保管され続けます。実際にデータが消えるのは、次なるファイルが作成されて、新たなデータが上から書き込まれるときです。

もう、おわかりですね？ ファイルを削除しても、Windowsはデータ情報の記録を消し去るだけで、実体が削除されるのは、もっと先になります。このタイミングはファイルの操作次第のため、いつになるのか誰にもわかりません。

誤ってファイルを削除しても、もしかしたらデータはハードディスクに残っているかもしれません。ただし、ファイルの削除後に行った操作次第で、ファイルが復元できるか否かは左右されます。

ファイルを削除した直後であれば、新たなファイルは作成されていませんので、データは残っている可能性は大。しかし、削除後に新たなファイルを作成し続けたり、メールのやりとりやWebページの閲覧を重ねていると、新たなデータが上書きされてしまい、必要であったデータは本当に消えているかもしれません。そうなっていたら、ファイルの復元は困難です。

誤ってファイルを削除したと気づいたら、すべての作業はストップすること。それから、復元ソフトを使う、専門業者に依頼するなどの復元の手段を検討しましょう。

なお、ファイルの復元ソフトには、無料・有料とさまざまな種類があります。なかでも『Wondershare データリカバリー（Windows版）』は有料ですが、550種類のファイル形式に対応、外部メディアにも対応しており、無料体験版もあります。万が一のことを考えて、導入しておくのもよいでしょう。

・『Wondershare データリカバリー（Windows版）』
　入手先：http://www.wondershare.jp/win/data-recovery.html
　対応OS：Windows10/8.1/8/7/Vista
　会社名：株式会社ワンダーシェアーソフトウェア
　価格：3980円

『Wondershare データリカバリー（Windows版）』ダウンロードで入手できる

column Windowsの「ごみ箱」の仕様とは

　ファイルを削除したいとき、「ごみ箱」アイコンにドラック＆ドロップします。それだけではファイルは削除されていませんので、「いったん捨てたけれど、やっぱり必要だ」と思えば、「ごみ箱」を開き、該当のファイルを右クリックして［元に戻す］を選べば、元の場所へと移動します。

　この「ごみ箱」は、実はWindowsの特殊フォルダーで、保存できる容量が決まっています。「ごみ箱」を右クリックして［プロパティ］を開くと、カスタムサイズに最大サイズが表示されています。このサイズはパソコンに搭載されているハードディスクの容量によりますので、自分が使っているパソコンでは最大サイズがいくらに設定されているが確認しておきましょう。

　「ごみ箱」に移動されたファイルやフォルダーの容量が、最大サイズを超えてく

ると、古いものから自動的に削除されていきます。「ごみ箱」をアナログのゴミ箱と同様に考えて、捨てた紙クズはいつまでもそこに存在していると考えてはダメ。知らないうちに消えているかもしれません。

それに設定されているサイズよりも大きなサイズのファイルを入れようとすると、ごみ箱に移動できないので、ただちに削除を行うかをたずねるメッセージが表示されます。これに [はい] と応じると、ファイルは削除されます。あとからごみ箱の中を見ても、そのファイルは入っていない、というわけです。

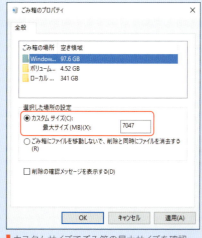

■カスタムサイズでごみ箱の最大サイズを確認

ごみ箱のためにハードディスクを消費するなんてナンセンスだと、最大サイズを思い切り小さく設定する人がいますが、サイズの大きなファイルに対応できない点を考えると、それは得策ではありません。どのくらいのサイズが適当なのかは、日頃操作しているファイルのサイズにもよるため、一概にはいえません。ちなみに筆者は「5GB程度あれば十分」と思っています。

備えあればうれいなし。
バックアップこそ王道の対策法

仕事のためのツールであるパソコン。ここで作成する無数のファイルが、自分の仕事を推し進める必須アイテムだけに、ファイルが消えてしまうと、最悪"仕事ができない"という事態に陥ります。少しでも早く仕事を再開するためには、必要なファイルを再度用意しなくてはなりません。そのとき、**同じファイルがどこかにバックアップされていれば、すぐに対応ができます。**

 "バックアップをとっておく"という認識は、パソコンユーザーには誰にとっても必要なこと。とりわけビジネスパーソンには、常識だと思ってほしいな。

 バックアップをとるって大変なんだろうな〜と思いながら、どこから手をつけたらよいかわからないんです。恥ずかしい話ですが、悩んだあげくに、何もやっていない……という状態なんです。

"バックアップ"というタイトルが付いたパソコン解説書を見ると、項目の多さにちょっと驚かされます。いわく、Windowsシステムは大事、ネット経由で入手したアプリケーションソフトやダウンロードファイルも消えると困る、送受信したメールも大切、ブラウザーに登録しているブックマーク、日本語入力システムに辞書登録したデータも必要、そして自分で作成したファイルは絶対――という具合に、何もかもバックアップしておかないとダメだ！という印象があります。

　確かに、すべてのファイルのバックアップが実行できていれば、パソコンが起動しないという最悪のトラブルが起きても、短時間で元の環境に復旧できるでしょう。だからといって、なにもかも完璧に、そして定期的にバックアップを実行するのは時間的に難しいというのが正直なところ。また、これらのバックアップをすべてこなすだけの知識を持つことも負担かもしれません。

　そういった現実を踏まえて、仕事でパソコンを使っているビジネスパーソン向けに必要最低限の提案をします。

　自分で再入手ができないファイルは、必ずバックアップをとってください。

　自分で作成したファイルはもちろん、取引先や関連会社、他部署から渡されたファイルなど、再入手が困難なファイルだけは、自分のパソコンの"外"――会社が用意してくれるネット上の共有フォルダー、もしくは外付けのハードディスクやUSBメモリー、DVDメディアなどにバックアップをとるように習慣づけましょう。

■ バックアップしたいファイルはコピーするだけ

　バックアップの方法も、難しく考える必要はありません。オリジナルファイルが保存されているディスク以外の場所に"ファイルをコピーする"だけでOKです。

　もっともシンプルなやり方は、自分が作成するファイルを1つのフォルダーにまとめるようにしておき、一日の作業が終わったら、そのフォルダーを外付けハードディスクなどにドラック＆ドロップします。保存場所が別のディスクになれば、フォルダーの"移動"ではなく"コピー"となりますので、そこにバックアップファイルが作成されます。すでに保存されているファイルと同じものがあれば「上書きしますか？」のメッセージが表示されますので、「はい」と応じます。これでファイルの内容は最新の状態に更新されます。

　作業の経過を残したいのであれば、コピーする前にフォルダー名の頭に「0510」

というように、その日(5月1日)の日付を入れておきます。これを毎日繰り返せば、過去の作業経過を確認できるバックアップともなります(ただし、このやり方を続けているとディスクの消費が多くなりますので、仕事が完了したら、最新のフォルダーだけを残して、不要になった過去のフォルダーは削除します)。

■「送る」機能を活用する

　ファイルをバックアップすることが、単に「別の場所にコピーファイルを作成するだけ」と認識すれば、一日の仕事が終了したあとに、簡単に実行できるでしょう。この"気軽さ"は、誰にとっても歓迎すべきことですが、それゆえに盲点もあります。

　ファイルのコピーをドラック＆ドロップで行っていると、目的のディスクやフォルダー以外の場所に保存してしまった、というミスをしたことはありませんか？バックアップ元のファイルをプレスしてズルズルと引っ張って、保存先となるディスクにたどり着くまでにマウスのボタンから指がはなれてしまった！目的の場所以外のところでファイルを落としてしまって、どこにファイルがコピーされたか見失ってしまう。これでは、せっかくのバックアップも役に立ちません。

　こういった過ちを「自分はやってしまいそうだな」と思うならば、==確実に目的の場所にファイルをコピーができる、Windowsの「送る」機能==を使いましょう。

　ファイルやフォルダーを右クリックすると表示されるコンテキストメニューの中に、[送る]という項目があります。そのサブメニューは、使っているパソコンの環境によって異なります。代表的なものとして[ドキュメント]フォルダーや圧縮フォルダー、DVDの書き込みドライブなど、使用頻度が高いと判断された項目があらかじめ用意されています。また、外付けハードディスクやUSBメモリーを接続すると、自動的に[送る]メニューに項目が追加されます。

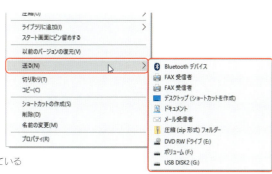

■[送る]メニューの内容は、使用している
　パソコン環境によって異なる

この「送る」機能は、選択したサブメニューによって処理内容は異なります。圧縮フォルダーを選ぶとファイルが圧縮される、メールソフトを選ぶとファイルがメールに添付される、DVD書き込みドライブを選ぶとDVDメディアに書き込む作業に入れる、といった具合です。なかでも**フォルダーやディスクを選んだ場合は、そこに指定されたファイルやフォルダーがコピーされます。**

　バックアップ元となるファイルを「送る」機能を使って、バックアップ先にコピーするように習慣づければ、ドラック＆ドロップの途中でファイルを見失うといったトラブルを防ぐことができます。

▌[送る]メニューのサブメニューに項目を追加する

　ところが「送る」機能を使おうとすると、自分がバックアップ元にしたい場所が表示されないことがあります。たとえば内蔵ハードディスクにパーティションを作成して、データファイルのみを保存するための「Dドライブ」があり、そこにバックアップ先として、「A案件のバックアップ」というフォルダーを用意している場合、[送る]メニューのサブメニューを使って直接コピーできれば効率的です。

　[送る]メニューのサブメニューに項目を追加する場合は、次のように設定します。

① 送り先となるフォルダーのショートカット（ 参照 P.153）を作成します。
② [スタート]ボタンを右クリックして、[ファイル名を指定して実行]を選択し、入力フォームに次の文字列を入れて[OK]ボタンを押します。

③ [SendTo]フォルダーが開きますので、ここに送り先となるフォルダーのショートカットを保存します。これで、サブメニューに送り先のショートカットが追加されます。

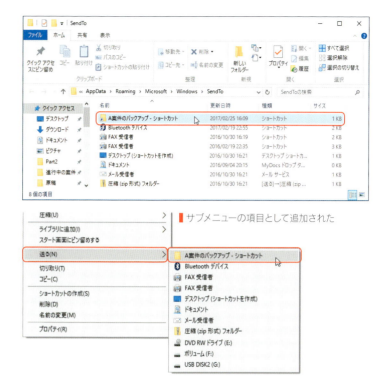

自力では限界がある!
転ばぬ先の自動バックアップ機能の活用

　重要度の高いファイルは自分でバックアップすることが基本。とはいえ、あまりに忙しくて、バックアップまで手が回らなかったり、つい忘れてしまったりと、人間的な理由でバックアップができないことは考えられます。また、そういうときに限ってトラブルが起きてしまい「あ〜、バックアップしていなかった」と悔しい思いをするものです。

　また、あらゆる作業を効率的に行いたいと考えているなら、手動でバックアップを行うのは、ナンセンスだと感じるかもしれません。

　よし！ じゃあ、バックアップは自動で行うように設定しよう。

　え？ そんなことが、できるんですかっ。それは、すごい！

Windows10には、「ファイル履歴」という機能があります。これを使うと、自分で作成したファイルはもちろん、デスクトップや連絡先など個人用のファイルを定期的にバックアップすることが可能です。具体的には、下記のような設定が可能です。

・ファイルをバックアップするタイミングを選べる
・バックアップ対象のフォルダーを指定できる
・バックアップの保持期間を設定できる

　Windowsに付属する機能ながら、これらの設定が行える点はメリットが大きいでしょう。ただし、外付けハードディスクやUSBメモリー、ネットワーク上のドライブなどのシステムがインストールされている以外のドライブが必ず必要です。万が一に備えるためのバックアップですので、システムの入っているディスクに保存しては意味がありません。
　では、自動バックアップの設定方法とファイルの復元方法の手順を紹介しましょう。

ファイルの履歴を使用する

　外付けハードディスクなどのバックアップ先となるドライブをパソコンに接続してから、設定を開始してください。

① [スタート]メニューにある[設定]ボタンを押し、[更新とセキュリティ]をクリックします。
② 画面左側で[バックアップ]を選択し、[ドライブの追加]をクリックします。
③ 外付けハードディスクやUSBメモリーなど利用できるドライブが表示されるので、バックアップ先として指定したいものをクリックします。

④ [ファイルのバックアップを自動的に実行] がオンになります。引き続き、細かい設定をするため [その他のオプション] をクリックします。

⑤ [バックアップオプション] 画面が開きます。[ファイルのバックアップを実行] でバックアップを行うタイミングを指定します。「10分ごと」から「毎日 (24時間)」までの選択肢がありますので、仕事のペースに合わせて選択しましょう。なおバックアップは前回のデータの差分でとり、一般的に間隔が短いと、バックアップされる容量は大きくなります。

⑥ 同じ画面で [バックアップを保持] を指定します。最新のもの以外を保持しておく期間ですが、通常は「無制限」を選んでおきます。バックアップ先の容量が不足してくると通知メッセージが表示されます。

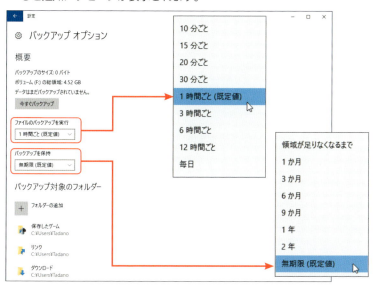

⑦ バックアップ対象とするフォルダーを選択します。初期設定では[ドキュメント]フォルダーをはじめとしたユーザーフォルダーやInternet Exploreの「お気に入り」などがあります。パソコン環境によっては『OneDrive』のフォルダーも含まれます。

このなかでバックアップが不要なものは削除できます。フォルダー名をクリックすると[削除]ボタンが出ますので、[OK]ボタンを押しましょう。削除といっても対象から外すだけでフォルダー自体を消すわけではありません。また[フォルダーの追加]や[除外するフォルダー]の追加も可能です。

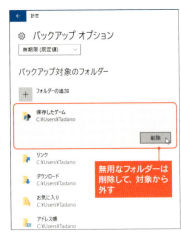

⑧ すべての設定が完了したら、画面上部の[今すぐバックアップ]ボタンを押して、初回のバックアップを実行しましょう。そのあとは、設定したタイミングで自動的にバックアップが行われます。

■ バックアップからデータを復元する

バックアップしたファイルからデータを復元するには、次の手順で行います。

① [スタート]メニューにある[設定]ボタンを押し、[更新とセキュリティ]をクリックします。画面の左側で[バックアップ]を選択し、[その他のオプション]をクリックします。

② [バックアップオプション]画面下部にある[現在のバックアップからファイルを復元]をクリックします。

③ ファイルの履歴画面が表示されます。日時の横にある「3/5」といった数値は何世代目のバックアップであるかを示しています。これは5世代あるうちの3番目、つまり最新ではないバックアップということになります。

誤って上書き保存をした場合は、それ以前のファイルを復元すれば元の状態に戻せます。また削除したファイルやフォルダーも、削除以前のバックアップの中にあります。画面下の ボタンを使って、復元したい世代を表示させましょう。画面上の検索フォームを使って、検索することも可能です。

④ 復元したいものが見つかったら、アイコンをクリックして選択状態にし、画面下の[復元]ボタンを押します。

なお、何も選択しない状態で[復元]ボタンを押すと、その画面に表示されているバックアップファイルがすべて復元されます。

⑤ 元の場所に同じ名前のファイルやフォルダーが存在している場合、上書きするか、復元をとりやめる(スキップする)か、ファイルの情報を比較するか、の選択肢が表示されます。上書きしたくない場合は、[ファイルの情報を比較する]をクリックしましょう。

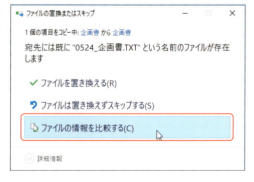

⑥ どちらのファイルを保存するか選択してもよいですが、判断がつかないときは、両方にチェックマークを入れて[続行]ボタンを押しましょう。
なお[現在の場所][宛先の場所]の横に表示されるフォルダー名にマウスポインターを合わせると、保存先となるパスが表示されます。

⑦ ファイルが復元されると、ファイル名に番号が付いたファイルが作成されます。実際にファイルの内容を確認して、必要なファイルのみ残しましょう。

column
エクスプローラー画面で「ファイルの履歴」を呼び出す

　Windows10の「ファイルの履歴」機能を利用していると、バックアップのファイルをエクスプローラー画面から呼び出すこともできます。
　復元したいファイル・フォルダーが入っていたフォルダーを開き、エクスプローラー画面のリボンにある[ホーム]タブをクリックして、[履歴]ボタンを押します。するとバックアップファイルの選択画面が開きます。
　本文で[スタート]メニューから[設定]を選び、[ファイル履歴]画面に入ってからバックアップファイルを表示させるまでの手順を紹介しましたが、エクスプローラー画面にある[履歴]ボタンを押すことで、一気にバックアップファイルを表示させることが可能です。
　慣れてくると、この手順のほうがスピーディーにファイルを復元できますが、誤って必要なファイルを別の内容に上書きしてしまわないように、くれぐれも注

意してください。復元する場所を変えることで、ファイルの上書きを防ぎたい場合は、画面右上の[設定]ボタンを押して、[復元場所の選択]メニューを使いましょう。

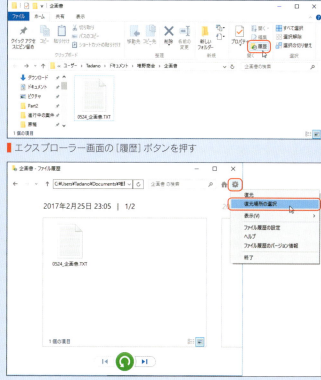

■ エクスプローラー画面の[履歴]ボタンを押す

■ [ファイル履歴]画面でただちにバックアップファイルを確認できる

バックアップ先のメディアは、どれを選ぶ？

　ファイルをバックアップするとき、メディアはどれを選ぶか？　という問題があります。会社によっては、使用するメディアにも社内ルールを設けている場合は多いものです。社内のネットワーク上にある共有フォルダーがバックアップ先に使えるなら、それを活用しましょう。

　そういった用意がない会社だからといって、**個人で勝手にオンラインストレージに仕事に関するファイルを保存するのは、ご法度**です。特に無料で提供されている

タイプは、セキュリティ面に不安があります。安易に利用して、機密性の高い情報が外部に漏れてしまっては一大事です。決して個人の判断で使用しないでください。

うちの職場では、バックアップ先について明確なルールがないんです。具体的に、どうすればいいのかな？

　バックアップ先について、個人の選択にゆだねられている場合は、メディア選びには慎重に行わなければなりません。なぜなら"このメディアなら、絶対に大丈夫だ！"という決定的なものが、この世には存在しないからです。

　どのメディアにも一長一短があり、容量、耐久性、耐久年数など選択ポイントはユーザーによって判断が分かれてきます。

　ここでは、代表的なメディアを紹介します。自分のワークスタイルや用途に合わせて、最適なものを選択してください。

ハードディスク

耐久年数の目安：5年程度
メリット　　　：大容量に対応できる
デメリット　　：衝撃に弱い

　バックアップするファイルの容量が数十GBを超えるなら、ハードディスクを用意しましょう。最近は1TBを超える容量の製品が多く、前項で紹介したWindows10の自動バックアップ機能の保存先としても、さほど容量を気にせず指定できます。

　寿命は5年程度といわれていますが、筆者が使っている製品のなかには3年で壊れたもの、8年を過ぎても問題なく使えているものとあり、「5年」は目途でしかありません。

　ハードディスクの弱点は衝撃に弱いこと。なぜ衝撃に弱いのか、内部の構造から説明しましょう。ハードディスクの内部には、「プラッター」と呼ばれるアルミニウムやガラスなどに磁性体を塗布した円盤があります。このプラッターを「スピンドルモーター」という駆動部品が1分間に5000回程度という速さで回転させます。それにアームの先端にある「磁気ヘッド」が移動しながらデータを書き込んでいきます。このとき、プラッターの表面と磁気ヘッドは直接接触していません。磁気ヘッドはプラッタの回転によってできる空気の層を利用して、わずかに浮いた状態でデータの読み書きを行っています。この最中に衝撃を与えると、磁気ヘッドがプ

ラッターに接触して、表面を削ってしまいます。そうなるとハードディスクは物理的に故障し、記録されたファイルは二度と読み出せなくなります。

■ハードディスクの内部構造

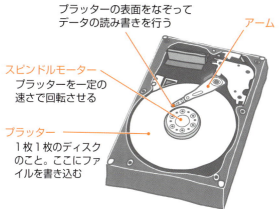

磁気ヘッド
プラッターの表面をなぞってデータの読み書きを行う

アーム

スピンドルモーター
プラッターを一定の速さで回転させる

プラッター
1枚1枚のディスクのこと。ここにファイルを書き込む

　外付けハードディスクに限らず、内蔵ハードディスクも同じ構造ですので、**本体を動かすときは、必ず電源を落とした状態で行う**ようにしましょう。また、ハードディスクは高速回転をしますので、**熱にも弱い**ものです。直射日光が当たったり、風通しの悪い場所に置くのは避けてください。

　ハードディスクは保存できる容量が他のメディアに比較すると破格に大きいので、故障したときに受ける仕事への影響は甚大です。仕事に支障が出ないように、故障やファイル消失を防ぐ機能を持つ製品を使うのもよいでしょう。また正常に動作しているハードディスクの状態を調べるソフトを使って不調の度合いを確認し、故障する前に別のハードディスクにファイルを移し替える、ということも必要かもしれません。

　単純なことですが、**ハードディスクが物理的に故障する前には、内部から異音が発生される**ことが多いものです。筆者が使っていたハードディスクは「キュィーン」といった金属音のような音が数日続いたあとに動かなくなりました。日頃、聞かないような音が聞こえてくるようになったら、寿命が近いのかもしれません。早めに別のハードディスクにファイルをバックアップし直しましょう。

> **フラッシュメモリー**
> 耐久年数の目安：5年程度
> メリット　　：高速、携帯しやすい
> デメリット　：データが自然消滅する可能性がある

　SSD、USBメモリー、メモリーカードなどフラッシュメモリーを内蔵する製品はバックアップ用にも利用できます。

　特にUSBメモリーやデジカメや携帯電話の記録メディアとして使うメモリーカードは、サイズが小さくて持ち運びがしやすいので、外回りが多いビジネスパーソンには重宝します。最近は大容量化が進んでいますので、次項で紹介する光メディアよりも活躍する場は多いでしょう。

■SSD (SanDisk)　　　　　■SD UHS-IIカード (SanDisk)　　　■USBメモリー (SanDisk)

　ただし<mark>フラッシュメモリーは、長期にファイルを保存しておくことには向きません</mark>。ファイルを書き込んだ状態で何年も放置していると、自然にファイルが消えてしまうという現象が起きるからです。なぜ、こういった現象が起きるのかは、データの記録の仕方を知るとわかってきますので、説明しましょう。

　フラッシュメモリーのチップ内部は、多数のセルによって構成されています。セルとは情報を記憶する最小単位であり、量子力学でいう「トンネル効果（薄い絶縁体に高電圧をかけると電子が薄膜を通過する現象）」を使ってデータの書き換えを行います。トランジスタの一種であるセルは、シリコンの基板の上に絶縁体で覆われた浮遊ゲートが重なっているといった構造になっています。この浮遊ゲートの中に電子が"ある"状態を「0」、シリコンの基板から高めの電圧をかけて電子を放出させて電子が"ない"状態を「1」とみなしてデータを保持しています。

　<mark>ファイルを何度も書き換えると、浮遊ゲートとシリコンの基板を隔てる絶縁体に</mark>

電圧をかけ続けることになり、**次第に劣化**してきます。そうなると浮遊ゲートのなかに電子をためておくことがでず、電子が漏れてしまいます。この状態になるとデータを正しく保持できませんので、そのセルは寿命を迎えます。

　セルの書き換えは、5000〜1万回が上限だといわれています。そのため特定のセルに書き換えが集中しないように、フラッシュメモリーにはOSから要求された書き込み先の場所を調整する機能があり、書き換え回数の少ないセルに優先的に振り替えています。これにより特定のセルに書き換えが集中することを防いでいるのです。

　つまりフラッシュメモリーでは、ファイルの書き換え回数の上限はさほど考える必要はありません。それよりも問題は、ファイルを保存したまま長期に放置する場合です。

　実は通電しない状態でも、トンネル効果によって電子が一定の確率で絶縁体から少しずつすり抜けていくのです。そのため==長い年月が経過すると、セルが寿命を迎えなくても電子が漏れ出てしまい、その結果ファイルが自然に消滅==してしまいます。

　このようにフラッシュメモリーには「データの保持期間」という仕様があり、長期保存には向かない、というわけです。では具体的に耐久年数はどのくらいか？といわれると、==ハードディスクと同様、5年程度が目途==のようです。

　むしろUSBメモリーでは、ファイルが読み出せなくなったり、接続部分が破損したりといったトラブルはめずらしくありません。最悪、紛失したというケースもあります。持ち運びがしやすく、使いやすい点がかえってマイナスに働き、"保存"には向かないように思えるため、==バックアップ用としてはお勧めしません==。

光メディア

耐久年数の目安　：　10〜30年程度
メリット　　　　：　比較的寿命が長い
デメリット　　　：　熱に弱い。メディアの品質差が大きい

　バックアップする==ファイルの総量が、数百〜4GB程度ならCD/DVDメディア、25GB以上になるならBlu-rayディスクといった光メディア==を選択するのもよいでしょう。

　CD-R/RWメディアは650MBもしくは700MBの容量があり、CD-Rはファイルの書き込みが1回のみ、CD-RWは1000回程度の書き換えが可能です。

DVDメディアにはDVD-R、DVD-RW、DVD+R、DVD+RW、DVD-RAMと5種類の規格があり、DVD-R、DVD+Rはファイルの書き込みが1回のみ、DVD-RW、DVD+RWは1000回程度、DVD-RAMは10万回程度の書き換えが可能です。容量は通常が4.7GB、二層式（DL）は8.5GB、DVD-RAMは片面タイプで4.7GB、両面タイプで9.4GBです。

　Blu-rayディスクにはBD-Rが1回のみの記録、BD-REが1000〜1万回程度の書き換えが可能となっています。片面一層式は25GB、片面二層式は50GBの容量があり、DVDメディアと同じサイズでありながら約5倍もしくは10倍のデータを書き込むことができます。

　光メディアの寿命は、一説では100年ともいわれていましたが、それは間違い。素材であるポリカーボネートの耐久年数が20〜30年程度ですので、それ以上長くは持つとは思えません。良質のメディアなら==直射日光が当たらず、人が快適だと感じる気温・湿度の場所で、記録面にホコリや傷、カビが付かないように保管しておくと5〜8年程度はファイルが保存できる==と思われます。一説では正しく保管することで10年は持つ、いや30年程度は大丈夫ともいわれています。

　光メディアは太陽光に当たると記録面が劣化したり、温度の高い場所に保管するとメディアそのものが変形してドライブに挿入できなくなることがあります。傷やほこりが原因でメディアそのものが認識されなくなることもあります。ただし、光メディアのなかでは一番新しいBlu-rayディスクは例外で、記録面に特殊なコーティングが施されているため、傷や汚れは付きにくいという特徴があります。

　また低品質な製品は、いったんファイルは書き込めたように見えても読み出すことができず、役に立たないこともあります。特に海外メーカーは製造技術に問題があり、メディアの外周部の精度が悪いものがあります。データはメディアの内周部から外周部にかけて書き込みますので、外周部の書き込み時にエラーが起きれば記録そのものが強制終了されるのです。

　光メディアに仕事用ファイルを書き込むときは、多少価格が高くても、国内ブランドメーカーの製品を使いましょう。

どのメディアにも一長一短があるから、特長は知っておこうね。

column
USBメモリーは正しく使っているか？

　USBメモリーは、ファイルの持ち運びにたいへん便利なメディアです。仕事でも愛用している人は多いでしょう。

　パソコンの電源を入れたままの状態で抜き差しができ、ファイルを書き込むにも、エクスプローラー画面でファイルをドラック＆ドロップするだけと手軽ですが、"<mark>正しい手順で取り外す</mark>"ことは必ず守ってください。ファイルの書き込みはバックグラウンドで行いますので、特に画面に進捗状況が表示されません。書き込んでいる最中に、USBメモリーを抜いてしまっては、正しくファイルが保存できないだけでなく、故障の原因にもなります。

　USBメモリーをパソコンから取り外すときは、タスクバーの[ハードウェアを安全に取り外してメディアを取り出す]ボタン（タスクバーに表示されていないときは、[隠れていたインジケータを表示します]ボタンを押す）を右クリックして[○○(USBメモリー名)の取り出し]をクリックして、安全に取り出せるメッセージが表示されてから外してください。

■必ず「取り出す」操作を行う

■このメッセージを確認してから取り外す

　USBメモリーのトラブルは、本文で紹介したような保持期間の問題よりも、ユーザーの使用方法が乱暴なため、機械的に壊れてしまうことのほうが多いものです。ノートパソコンに差し込んだまま移動しようとして、接続部分から折ってしまったというトラブルもあります。使いやすいからこそ、丁寧に扱うことを心がけたいものです。

永遠にファイルを保存できる
メディアはない、という認識

　仕事上、重要なファイルは絶対に失ってはならない。バックアップをとることは必須だけれども、メディアの特性を知ると、どれを使っても安心とはいえない——と思えてきませんか？

「これからきちんとバックアップをとるぞ！」と決意した自分に、メディア選びという次なる課題が出てきたって感じです。

いろいろな意見を聞いたり、実際に自分で試したりして、ベストなものを選べばいいよ。ただし、慎重にね。

　IT技術の進化により、記憶メディアも性能が上がってきたり、新しい規格が登場したりと、目まぐるしく状況は変わってきます。そのなかにあって、いまだに「これなら大丈夫だ」という決定打になる選択肢はありません。筆者はパソコンを使って20数年、仕事を続けてきましたが、バックアップ対策が甘くて、大切なファイルを失ったという苦い思いを何度か味わってきました。そんな筆者が繰り返し試行錯誤した結果、ようやくたどり着いた仕事用ファイルのバックアップ方法を紹介しましょう。

■ 異なる2種類のメディアを使う、お勧めのバックアップ方法

　パソコン（詳しくはCドライブ）以外の場所に、コピーしたファイルを保存する際、異なる2種類のメディアを使います。具体的には「**外付けハードディスクとDVD-R**」に**バックアップファイルを保存**しています。

　なぜ2種類かといえば、もし1種類のメディアにしかバックアップをしていなかった場合、そのメディアが使えない状態に陥ったら"万事休す"だからです。仮に外付けハードディスクにしかバックアップファイルがない状況で、落雷があったら、どうでしょう？　パソコンだけでなく接続していた外付けハードディスクにも過電圧が掛かれば、同時に壊れてしまうでしょう。そうなると、ファイルは復元できません。

　そういった事態を想定して、**パソコンにある元ファイルと合わせて、3箇所にファイルが保存されていれば、よほどのことがない限り、ファイルを失うことはない**、と考えています。

では、なぜ外付けハードディスクとDVD-Rであるかを説明しましょう。

==外付けハードディスクは、記憶メディアのなかでもっともコストパフォーマンスがよい==記憶装置です。3TBの容量がありながら1万円程度（2017年2月現在）で購入できます。これだけの大容量なら、ファイルのサイズや数を気にせず、気軽にコピーすることができます。また、Windows10の「ファイルの履歴」（参照 P.188）を使って自動バックアップの保存先とするとき、容量不足になる心配がもっとも低いという点はポイントが高いのです。

そして2種類目のメディアにDVD-Rを利用するのは、==どのパソコンでもファイルを読み出せる==（DVDドライブを搭載していないパソコンが職場にはない）だけでなく、==一度書き込んだら自分を含めて、誰もファイルを改ざんできない==からです。バックアップした時点以降に変更が掛かっては、仕事上、不都合な点が出てくるため、一度しか書き込めないメディアは重宝します。

外付けハードディスクのほうは、日々の仕事のなかで「これは消えてしまうと困るから、とりあえずバックアップしておこう」という気軽さでファイルを保存していきます。そうして、たまってきたファイルのなかで==「重要度が高い」「長期間、保存しておきたい」==というファイルだけ、==定期的にまとめてDVD-Rに書き込む==のです。

このとき==必ず2枚、同じものを作成==します。前項でも紹介したように、光メディアは製品によって品質が異なります。また保存状態によっては、記憶面にトラブルが発生してしまうことも考えられます。"保険をかける"意味で、複製して同じものを2枚、作っておくのです。

できたデータDVDは、保管する前に必ずファイルが開くかを確認しておきます。書き込み時にエラーが起きていたり、メディアの品質が悪かったりすると、アイコンは表示されていても、ダブルクリックしてもファイルが開かない、ということがあります（これは、苦い経験でした）。

DVD-Rに書き込んだファイルは、外付けハードディスクから削除してもかまわないのですが、万一DVD-Rからファイルが読み出せないことを懸念して、容量が許す限りはハードディスクにも残しておきます。

こうして保存しているファイルも、永遠に保持できるわけではありません。これから先、もしかするとメディアの規格自体に寿命が訪れるかもしれません。現に、10数年前には人気が高かったMOディスクは、すでにドライブの国内生産が終了しています。メディアがあってもドライブがなければファイルを読み出すことがで

きず、役に立ちません。

　そういった時代の流れをくみとりながら、必要なファイルはメディアを変えてバックアップしていくことが鉄則です。筆者も今は、外付けハードディスクとDVD-Rを利用していますが、将来はDVD-RをBD-Rに変えたり、新しいメディアが登場すれば、そちらに切り替えるかもしれません。

ファイルを第三者に奪われないための心構え

　自分が作成したファイルを失わないだけでなく、仕事のなかで扱ったファイルを第三者に渡さないという意識もビジネスパーソンには大切です。

ファイルをバッチリ保存したら、しっかり管理しなくちゃダメってことですよね。

そのとおり！ ファイルを保存したメディアはもちろんだけど、パソコン本体からファイルを盗まれないように、日頃から万全なセキュリティ体制が必要だからね。

　仕事で使っているパソコンに保存している数々のファイル。あらためて内容を見てください。取引先や顧客の個人情報もあれば、会社の機密事項もあるでしょう。これらの情報が万が一にも第三者に渡ったら、会社にとって大きな損益につながる——という認識はありますか？

　ファイルの正体がデジタルデータ（参照 P.037）だとわかれば、いかにコピーがたやすく、しかも完璧な複製が可能であることが理解できます。コピーという操作は実に簡単な上、"コピーをとった"という形跡も残りません。

　仕事で使うパソコンは、いわば社内秘の情報が詰まった貴重な"金庫"です。金庫そのものはもちろん、物体としては存在していないデータもあわせて管理する責務が、常に自分に課せられていることを忘れてはなりません。

　以前、某中学の教師が、生徒の成績や家庭状況のデータを保存しているパソコンをタクシーに置き忘れて紛失した、という報道がありました。そのとき「Windowsにサインインするパスワードとか、個人情報ファイルの閲覧パスワードとか、ちゃんと設定していたのかな？」という考えが浮かんだ人は多かったでしょう。

もし、セキュリティ面が甘い状態であったならば、この教師のパソコンが発見されて手元に戻ったとしても、問題が解決したとはいえません。紛失中に悪意のある人間が、このパソコンを手に入れて、生徒全員の個人情報ファイルのコピーをとったとしたら？　その情報をもとに高額な教材の売り込みをするなど、悪用される可能性はいくつでも考えられます。

　いったん他人の手に渡ったファイルは、回収することは不可能です。コピーされる回数には制限がありませんし、それがインターネットで公開されてしまえば、事態の収拾はつきません。

　仕事用のパソコンが持ち運び可能なタイプの場合、"どんな状況であれ自分の手から離さない"という意識は不可欠です。そして万が一にも第三者の手にパソコンが渡った場合、**容易にサインインできないように設定するなど、日頃からセキュリティ面を強化**しておかなくてはなりません。

　簡単にいえば"パソコンに鍵を掛ける"意識を持つということね。

　パソコンに保存しているファイルを守るためには、まずは部外者がファイルの中身を見ることができないように、Windowsへのサインインを制限する必要があります。

　簡単にいえば、**パスワードを掛ける**ことです。第2章で紹介したように、Windows10ではMicrosoftアカウントもしくはローカルアカウントでパスワードを設定します。"パスワードを知っている人間しか、このパソコン内のファイルは見ることはできない"という状況は、最低限の防御にはなります。

　万全とはいえない理由は、悪意のあるソフトウェアの存在にあります。『**キーロガー**』と呼ばれるキーボードの入力を監視するマルウェアによって、パスワードを盗まれるという事態が考えられるためです。パスワードを入力しているときのキー操作を記録されては、どんなに複雑なパスワードを設定していても、ひとたまりもありません。

　その問題をクリアするためにも、パソコンなどのデバイスが認証先となる「PIN」（参照 P.075）がWindows10ではサポートされています。PINは設定したデバイスでしか有効ではありません。キーロガーはパソコンから離れた場所にいる犯人に、記録したパスワードを送るものですので、実際にパソコンを操作することができない所にいると思われる犯人には、何の役にも立たないわけです。そのメリットを考えると、**「PIN」は積極的に導入しておきたい**ものです。

▌▌PINを設定する

　PINはWindows10をインストールするときに設定を求められますが、スキップしたあとでも設定は可能です。

① [スタート] メニューにある [設定] ボタンを押し、[アカウント] をクリックします。
② 画面左の [サインインオプション] をクリックしてPINの [追加] ボタンを押します。
③ 使用しているアカウントのパスワードを求められますので、入力して [次へ] ボタンを押し、[PINのセットアップ] 画面でパスワードを入力します。数字のみで40桁まで設定が可能です。

■[サインオプション]をクリックして、PINを設定

■数字のみで40桁まで設定可能

　なお、PINを忘れてしまった場合、[アカウント] 画面の [サインインオプション] にある [PINを忘れた場合] の文字列をクリックします。[続けますか？] の画面で [続行] ボタンを押し、[PINのセットアップ] 画面で入力フォームに何も入れない状態で [キャンセル] ボタンを押します。これでPINがリセットされますので、再度PINを設定し直しましょう。

> **column**
> ## Windows10が備えるセキュリティ強化機能
>
> 　パソコンにサインインするとき、Microsoftアカウント（参照 P.074）を利用しているなら、「2段階認証」を利用してセキュリティを強化することができます。自分のスマートフォンで確認コードを受け取るように設定し、Microsoftアカウントでサインインする際にはパスワードに加えて確認コードの入力を必要にする、というものです。
> 　これはアカウント名とパスワードだけでは、アカウントを乗っ取られることがあり、それに対する対策として用意されている機能です。サインインに2つのパスワードの入力となると、作業効率は多少落ちますが、キーロガーによる被害は回避できます。
>
> 　また、パソコンが第三者の手に渡ったときのために、ハードディスクの内容を暗号化し、ファイルの内容をガードする手法があります。これを「BitLocker」機能といい、Windows10のエディションのうち、ProやEnterpriseでは利用できます。機密性が高いファイルを扱っている場合は、こういった機能は積極的に活用したいものです。
> 　なお、USBメモリーやMicroSDカード、USBストレージによっては「BitLocker To Go（システムドライブ以外の暗号化）」に対応する製品もありますが、残念ながらWindows10 Homeでは、この機能を有効にすることはできません。

インターネット経由で
ファイルを奪われないために

　事務所に侵入してパソコン本体を盗み、ファイルを開いて通常では知りえない情報を手に入れ、それを悪事に使う。これは明らかな犯罪行為だと、簡単に想像できます。
　ところがコンピューター界のウイルスとなると、具体的なイメージがわかない。たいへんな脅威だといわれても、自分の仕事にどんな影響が出てくるのか、ピンとこないという人はいるでしょう。

ウイルスって、見たことがないんですよ。だから感染したら具体的にどうなるか、イマイチわかっていません。

ウイルスはいろいろな種類があるけど、なかには被害者に大きな痛手を与える悪質なものもあるよ。ここでウイルスの正体もしっかり把握しておこう。

コンピューター界の"ウイルス"とは、パソコンに対して悪事を働く不正プログラムを指します。システムに侵入して破壊活動を行ってWindowsが起動できないようにするもの、ファイルの内容を勝手に書き換えたり削除をするもの、パソコンを乗っ取って遠隔操作をするものなど、とにかく"他人に迷惑をかけるプログラム"のことです。

　そして「サイバー攻撃」と呼ばれる、企業を標的にしたウイルスは、膨大な数の情報流失を招き、社会的な問題にもなっています。2015年に起きた日本年金機構の年金情報管理システムサーバーへの不正アクセス事件は、年金加入者の個人情報が約125万件流出するというもので、この被害の大きさには誰もが驚いたものです。
　こういったウイルスは、悪意のある人間が作り出しています。病原菌のように自然界でいつの間にか発生するものではなく、あくまでも"人間が作るもの"ですので、ある程度は防御はできます。
　ある程度……なんて、歯切れの悪い言い方ですが、==ウイルス対策はソフトウェアを使って完璧にガードできるものではない==、という現状は知っておいてください。この認識があれば、新種のウイルスに襲われたとき、自分でその存在に気づき、会社の危機を救えるかもしれません。

■■ウイルス対策ソフトは常に起動させる

　では悪の技術の結集のようなウイルスに対して、具体的にどのような対策が必要であるか——、もっとも基本的なところからお話ししましょう。
　前述のとおり、ウイルスは人が作ったプログラムです。プログラムの内容には、一定のパターンがあります。その特徴的なパターンの情報をあらかじめ用意しておき、パソコンに入ってきたファイルにマッチングさせて、同一のパターンがないかを監視し、発見するとただちに隔離して実行させない。これによりウイルスの侵入を防ぐ、というのがウイルス対策ソフトです。
　ここでポイントとなるのが、ウイルス対策ソフトが持つパターン情報です。悪意のある人間は世界中にいて、日々、悪質なウイルスを作成し続けています。従来と違ったタイプのプログラムを開発することもあり、そういったものを"新種"のウイルスと呼びます。新種が発見されると、そのつどパターン定義に加えていくことになります。
　つまり、日々作成されてくる新種のウイルスに備えて、最新のパターンをウイルス対策ソフトは持っていなくてはなりません。そのためには、常に更新されている

必要があります。

　そしてウイルスは、いつ、どのような経路でパソコンに侵入してくるかわかりません。メールに添付されてくる、閲覧したWebサイトに仕掛けられている、USBメモリーに潜んでいたものが、パソコンに挿した途端に感染するなど、なんの変哲もない通常の操作をしているなかで侵入してくるのです。

　このような特性のウイルスに対抗するため、**ウイルス対策ソフトは「常に起動しておき、いつでもインターネット経由でパターンを更新される状態にしておく」ことが必須**です。

　パターンの更新のタイミングは自動で行うもの、ユーザーがどのタイミングで更新するかを設定するものと、ソフトによって異なります。新種がいつ、どのタイミングで登場するかわからないのですから、パターンの更新はできるだけマメに行うべきです。使っているウイルス対策ソフトの設定を一度見直しておきましょう。

ウイルス対策ソフトって、いろいろな製品があるので、どれを選んだらいいか迷います。ズバリ、お勧めのソフトってありますか？

う～ん、ソフト選びに悩むより、まずウイルス対策ソフトはどういったもので、どのように使うべきかを知っておこうね。

　ウイルス対策ソフトといっても、世の中には無料・有料を含めて何種類ものソフトがあります。多くの会社では、仕事用パソコンに導入するソフトは統一しているものですが、各人の判断に任されている場合は、自分でソフト選びから行うことになります。

　まず、**ウイルス対策ソフトは"パソコン一台につき一種類だけ"が鉄則**です。優秀と評判の高いソフトが複数あり、どれがよいか決めかねた末に全部入れちゃった！なんてことは、厳禁です。

　パソコンに入ってくるファイルを常に監視するわけですから、ウイルス対策ソフトはシステムの根幹（カーネル）に関わる部分で動作します。それがいくつもあると、互いに干渉して誤作動を起こす可能性が出てくるのです。

　メーカー製パソコンの場合、ウイルス対策ソフトが付属している場合が多いのですが、それを使わないのであれば、まずアンインストールしてください。それから別のソフトをインストールする、という手順が必要です。

OSがWindows10ならば、ユーザー自身がウイルス対策ソフトを導入しなくても『Windows Defender』が自動的に働いています。リアルタイムでウイルスを防御しており、パターン定義も常に更新していますので、ひとまずは安心です。

　ここで「Windows10にウイルス防止機能があるなら、別にソフトをいれなくてもよいのでは？」と思った人は多いでしょう。確かに、最低限のガードはWindows Defenderで可能ですが、パターン定義の内容や更新のタイミングなどは、ソフトによって異なります。より高いウイルス検出率を誇る有料ソフトのほうが、精度が高いことが考えられます。"餅は餅屋"といっては何ですが、ここはWindows10の付属機能に頼らず、実績のあるウイルス対策ソフトの導入を検討してください。

　なお、Windows10のパソコンに市販のウイルス対策ソフトをインストールすると、Windows Defenderは自動的にオフになります。

▍[設定]→[更新とセキュリティ]から「Windows Defender」を開く

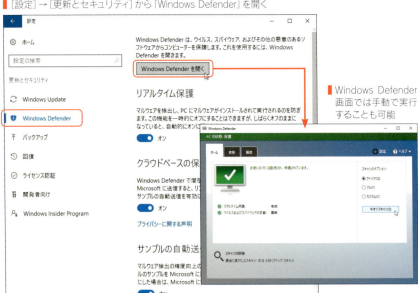

▍Windows Defender画面では手動で実行することも可能

■ウイルス対策として日頃から気をつけたいこと

　どんなに高価で多機能なウイルス対策ソフトであっても、侵入してくるウイルスを100パーセント検出することはできません。なぜなら、ウイルスの検出は過去のデータとの照合によって行うものですから、過去にないパターンの"新種"が現れ

た場合、ウイルスとして感知できません。よしんば新種がパターンに追加されたとしても、あなたのパソコンでの更新が間に合わず、先に新種のウイルスが侵入してくることも考えられます。

　不幸にも、ウイルス対策ソフトより早いタイミングで新種のウイルスが侵入したとき、ユーザーであるあなた自身がガードするしか対処の方法はありません。そこで、日頃から気を付けておきたいのが、"**正体がわからないファイルは決して開かない、実行しない**"ということです。特に実行ファイル（拡張子exe）はダブルクリックすることでプログラムが動き出しますので、ウイルスであればあっという間に感染してしまいます。

　メールに添付されてくるファイルのうち、拡張子が「zip」「exe」「bat」「pif」「scr」「com」「pif」というものは、ウイルスであるかも、と疑ってください。

　送信者が知っている相手であっても、本文に添付ファイルの説明がなく、口頭でも連絡を受けていないものは、危険度高です。ファイルは決して開かず、まずは先方に確認をとりましょう。もしかしたら、送信者自身はウイルスに感染していることを知らないのかもしれません。「添付ファイルなんて送っていない」との返事があったら、ただちにファイルは削除した上で、ウイルス対策ソフトでハードディスク内をフルスキャンして調べましょう。万が一のことを考えて、感染の有無がはっきりするまでは、パソコンからLANケーブルは抜いておくほうが無難です。

　また、悪質なものになると、**ウイルスであることを見破られないようにアイコンを偽造**しているものもあります。たとえば、アイコンの絵柄はWordなのに、拡張子は「exe」になっている、というようなものはウイルスと判断して、即削除すべきです。

　ウイルス対策ソフトに頼り切らずに、自分のパソコンを守るのは自分自身だという認識を持ち、ウイルスに対しては敏感であることは、ビジネスパーソンに常に求められる姿勢であることは、忘れないようにしましょう。

第 6 章

自分のパソコンの面倒は自分で見る!
~調子が悪いときに、どこをどうすればよいのか

パソコンは仕事を進めるためのツール! それが思うように動かなければ仕事が進みません。画面が凍ったように動かないとき、なんだか動きが遅いとき、そしてパソコンが起動しないとき。パソコンの仕組みを知れば、どこをどうすればよいか見えてきます。

トラブルシューティングは
"脱パソコン初心者"の第一歩

　日々の仕事をバリバリこなすビジネスパーソンなら、体調管理は当たり前のことです。同様に、パソコンの管理も万全でありたいもの。必要なときにサクサク動作するように、常にメンテナンスが行き届いた状態にしておくことが理想です。

　パソコンは使い続けていると、動作が重くなったり、画面が凍ったように固まって(これを「フリーズ」といいます)、なんの操作も受け付けなくなったりと、小さな違和感が生じてきます。最初は気にならなくても、症状が次第に重くなり、回数も多くなってくると、仕事に支障が出てきます。最悪、Windowsが起動せず"パソコンが使えない"という事態になることもあります。

そのとき、パソコンのどこに問題が生じているのか、どこに手を加えれば改善するのかを考え、対処できるかな?

それが……、できないです。なにをすればいいのか、全然わからないんです。

　トラブルが起きたとき、Windowsやアプリケーションソフトがどういった動きをし、それをどこで管理・設定しているのかを知っていれば対処ができますが、わからなければ手の打ちようがありません。

　パソコンが不調になってきたときこそ、パソコンの仕組みに関する知識がないと、解決の糸口が見つかりません。 さすがに機械的な故障(ハードウェア的な問題)は修理に出すことになりますが、Windowsが不安定(ソフトウェア的な問題)になっているのであれば、いろいろな対処法を試みることで改善できるものです。

　仕事に支障が出ない程度に、パソコンを安定させること。より長く安定した状態を保てるような使い方をすること。これを実現するだけの知識が、今の時代のビジネスパーソンには必要不可欠です。

　遭遇した"困った"現象を解明し、対処方法を見つけていくことは、知識を深めるための絶好のチャンス! **トラブルシューティングこそ、脱パソコン初心者への第一歩**です。

　ここでは具体的なパソコンの症状を挙げて、どう解決・予防するかを紹介してきます。

パソコンの動作が遅く感じるなら

　パソコンを使っている最中に、動作が遅くなって作業が進めづらいと感じることがあります。パソコンの使用環境によって、要因はさまざまあり、「これだ！」という決定的な原因をあげることは難しいものです。

パソコンが急に遅くなったとき、イライラして、いろいろなところをクリックしちゃいます。そうするともっと重くなってきて、最後は画面が固まってしまうんです。

それは一番悪い対処の仕方。仕事をたくさん抱えているときに、急に「前年度の決算書を出して」「交通費の清算をして」なんて、別の仕事を与えられたら、困ってしまって動きが止まるよね。それと同じだよ。

　動作が遅くなったとき、パソコンに何が起きているかによって、対処法が変わってきます。まずは、このことを認識しておきましょう。その上で、遅くなる直前に行ったこと、この時点でパソコンに何が起きているかを考えていくのです。

　たとえば、使っているウイルス対策ソフトがハードディスク全体のチェックを行っていたり、Windows10の自動メンテナンス（参照 P.225）が行われていると、==一時的にパソコンが重くなります==。このようなメンテナンスの実行は、バックグラウンドで行われるため、ユーザーは気づかないかもしれません。「なんだかパソコンが遅いなあ」と思いながら作業を続けていくうちに、==メンテナンス処理が終われば元の状態に戻ります==。

　それとは異なり、パソコンが遅い状態が長く続くようなら、==起動しているアプリケーションソフトが多すぎて、パソコンに負荷が掛かっているか==もしれません。まずは使っていないアプリケーションソフトは終了しましょう。また開いているウィンドウの数が多いと、それもパソコンを遅くしている要因となっている可能性があります。不要な画面はこまめに閉じたほうが、作業もしやすくなります。

　Windowsはマルチタスクですので、複数の仕事を並行して行うことができます。その利点が仕事をしやすくしている反面、ユーザーが必要ないタスクまで起動していると、数が重なればパソコンへの負担が大きくなります。==用のなくなったアプリケーションソフトは終了し、ウィンドウは閉じていくこと==は、日ごろから習慣づけておくべきでしょう。

こういった点に気をつけても、パソコンの動作が遅く感じるのであれば、**"今"どのようなプログラムが動いていて、どれくらい負荷が掛かっているのかを**『タスクマネージャー』で確認しましょう。また、Windowsには自動的に起動して、常に動いている**常駐アプリケーションソフト**があります。あなたの知らないアプリケーションソフトが仕事の効率化を妨げているのかもしれません。

タスクマネージャーは、[スタート]ボタンを右クリックして、[タスクマネージャー]を選択、もしくはショートカットキーの[Ctrl] + [Shift] + [Esc]キーを押すと開きます。複数のタブがありますので、切り替えて内容を見ていきましょう。パソコンに負荷を掛けているものが判明したら、それを終了させることで解決できるかもしれません。

CPUに負荷を掛けているものを確認する

まずは[パフォーマンス]タブで、CPU (P.023) に負荷が掛かっているかを確認しましょう。

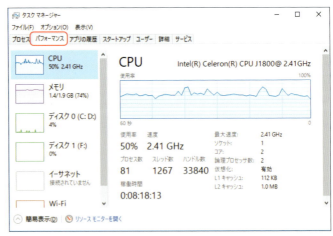

■ [パフォーマンス]タブのCPU使用率

CPUの使用率が高いようであれば、**どの実行ファイルの使用率が高いのかを**[プロセス]タブや[詳細]タブで確認します。ここでCPU使用率の数値が高いプログラムがあれば、それをクリックして選択状態にし、[タスクの終了]ボタンを押せば、終了することができます。

ただしCPU使用率の高いプログラムは、すべて終了すればよいわけではありません。Windowsのシステムプログラムが動作していて一時的に高くなっていることもあります。特に「自動メンテナンス」(参照 P.225) が動作しているときは、CPU

使用率が60〜100パーセントに上がりますが、数十分程度のことです。そういった場合は、しばらくすると使用率は下がってきますので、さほど気にする必要はありません。

■［詳細］タブでCPUの使用率の高いものを終了させる

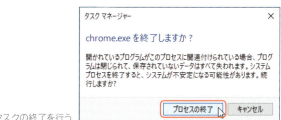

■タスクの終了を行う

■常駐アプリケーションソフトを無効にする

　Windowsが起動すると同時に自動的に起動して常駐するアプリケーションソフトのなかには無用なものがあります。［スタートアップ］タブを開き、どのようなアプリケーションソフトが登録されているかを確認してください。無用なものがあれば無効にしておくことで、パソコンへの負荷を軽減できます。

　ただし、無効にしてもよいのは、素性がハッキリしているアプリケーションソフトのみです。たとえばメーカー製パソコンなら、メーカーがプリインストールしているアプリケーションソフトや使用しない『Microsoft OneDrive』はクリックして選択状態にし、［無効にする］ボタンを押します。

　Windowsのシステム関係やドライバー、ウイルス対策ソフト関連、そして社内環境で利用は必須となっているものは、くれぐれも設定を変更しないようにしま

しょう。

■ 不要なアプリケーションソフトは無効にする

column
無用なアプリケーションソフトはバックグラウンドで実行させない

　常にバックグラウンドで動作することで、最新の状態を維持し、利用しやすいように設定されているとはいえ、なかには全然使うことがないものも含まれているかもしれません。特にメーカー製パソコンの場合は、プリインストールされているアプリケーションソフトが多く、必要性が乏しいものも混じっているかもしれません。

　仕事中に使うことがないアプリケーションソフトはバックグラウンドで動作しないように設定しましょう。

① [スタート] メニューの [設定] ボタンを押し、[プライバシー] をクリックします。
② 画面左下の [バックグラウンドアプリ] を選択すると、[アプリのバックグラウンド実行を許可する] 画面となり、バックグラウンドで動作するアプリケーションソフトが一覧表示されます。必要のないアプリケーションソフトは [オフ] に設定しましょう。

■ 使わないものはバックグラウンドで動作しないように「オフ」にする

余談ですが、『メール』や『フォト』などのストアアプリをオフに設定すると、消費電力を節約できます。モバイルパソコンなどで［バッテリー節約機能］を自動的にオンにするように設定している場合は、これらのストアアプリの通知は自動的に停止します。

設定を見直して速度アップをはかる

　日頃から無用なアプリケーションソフトやウィンドウを立ち上げない、といった使い方を心がけるほか、Windows10の設定を見直すことで、現状よりもパソコンの動作を速めることができます。

パソコンは最初から「誰が使っても、これなら使いやすいはず」という設定がされているけど、その設定が自分に合っているとは限らないんだよ。

パソコンの設定って、勝手に変更してはダメだと思っていました。自分仕様に変更したら、作業がしやすくなりそうですね。

　初期設定のままパソコンを使い続けているのなら、あなたが意図しない設定になっているかもしれません。設定を変更することで操作性がよくなる可能性は高いので、一度は設定内容を確認しておきましょう。

▌パフォーマンスを優先する

　最近のパソコンはスペックが高いため、Windowsの初期設定では、さまざまな視覚効果が有効になっています。たとえばウィンドウの下に影を付けて立体的に見せているのも、そのひとつです。

　こういったリッチな演出は、仕事の上で大切でしょうか？　好みの問題でもありますが、必要性は低いのではないでしょうか。またアニメーション効果などは旧バージョンのWindowsにはなかったもので、いくらパソコン自体の処理能力が高いから問題はないといっても、ウィンドウが表示される際の緩慢な動きは、操作にプラスになるものはなく、むしろビジネスシーンには余計です。

　本来の操作に影響しない演出は、「パフォーマンスを優先する」ことでオフにすることができます。現在のパソコンは初期設定のままでもストレスなく動作するだけの能力を持っていますので、オフにしたことで、パソコンの動作が飛躍的に速く

なるとはいえません。しかしムダの動きを省くことで、体感速度はアップします。
設定の手順を紹介しましょう。

① [スタート]ボタンを右クリックして[コントロールパネル]を選択し、[システムとセキュリティ]の[システム]をクリックします。

② 画面左の[システムの詳細設定]をクリックすると、[システムのプロパティ]ダイアログが開きます。

③ [詳細設定]タブのパフォーマンスにある[設定]ボタンを押します。

④ [パフォーマンスオプション]ダイアログで「パフォーマンスを優先する]を選択して[OK]ボタンを押します。

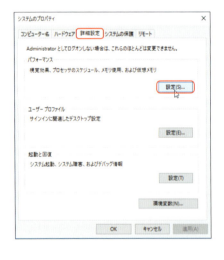
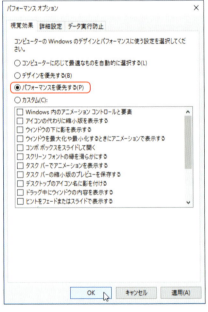

■パフォーマンスを優先するよう設定する

■■電源オプションを見直す

電源オプションでは、パソコンが使用する電力量の調整をすることができます。ここが「省電力」になっていると、パソコンの動作を遅めにして、電力の消費量を抑えます。

電力量よりもパソコンの性能を活かしたいときは、「バランス」もしくは「高パフォーマンス」を選択しましょう。[スタート]ボタンを右クリックして[電源オプション]を選択します。[お気に入りプラン]で「省電力」以外を選択してください。

「省電力」以外を選択

■■シンプルな画面にする

Windows10が動作しているほどのスペックのパソコンでは、実際に動作が速くなる可能性は低いのですが、「視覚オプション」をオフにすることで、画面をシンプルにしてムダな動きをさせないことができます。

① [スタート]メニューの[設定]ボタンを押し、[簡単操作]をクリックします。
② 画面左の[その他のオプション]を選択して、「Windowsでアニメーションを再生する」と「Windowsの背景を表示する」をオフにします。

するとデスクトップが真っ黒になり、フォルダーをダブルクリックするとスパッと開くようになります。初期状態の画面と比べると、速くなったような感じになります。

2つの視覚オプションをオフにする

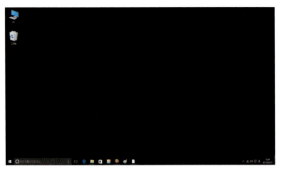

■ シンプルな画面でウィンドウの開閉もシンプルになる

■■マウスの動きを調整する

　マウス操作をするとき、ダブルクリックしたときの反応に違和感があったり、自分が思うよりポインターの移動が緩慢なようでは、スピード感を持って作業をしている感がありません。そういった場合は、自分の使いやすい速度になるよう、マウスの設定を見直しましょう。

① [スタート] メニューの [設定] ボタンを押し、[デバイス] をクリックします。
② 画面左の [マウスとタッチパッド] を選択して、[その他のオプション] をクリックします。
③ [マウスのプロパティ] ダイアログが開きますので、[ボタン] タブでは [ダブルクリックの速度]、[ポインターオプション] タブでは [速度] のインジケーターを使って、自分にあった速度に調整して [OK] ボタンを押しましょう。

■ ダブルクリックの速度を調整する　　■ ポインターの速度を調整する

 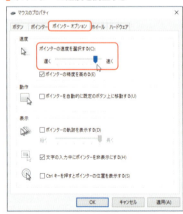

column

マウスの行方を見失うようなら

　最近はワイド型のディスプレイが主流で、デスクトップが広々としているのですが、これがかえって仇になっている人はいませんか？

　複数のウィンドウが開き、テキストやグラフ、写真などが表示されるなかでマウスポインターを見失うことがある。それを探すのに手間取って、仕事のスピードが落ちてしまうという悩みがあるなら、位置を表示するように設定しておきましょう。

　[マウスのプロパティ]ダイアログの[ポインターオプション]タブを開き、[Ctrlキーを押すとポインターの位置表示をする]にチェックマークを入れて[OK]ボタンを押します。

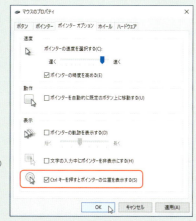

■[Ctrlキーを押すとポインターの位置を表示する]を有効にする

　マウスポインターを見失ったとき、[Ctrl]キーを押すと、ポインターを中心に波紋が表示されて発見しやすくなります。

■[Ctrl]キーを押すとマウスポインターに波紋が表示される

スリープ、休止状態、シャットダウンの使い分けができているか

　仕事中にちょっと同僚と話をしていたら、ディスプレイ画面がすっと消えて真っ暗な状態に！　画面がロックされているため、再度パスワードを入力してサインインしなくてはならず、これが頻繁になるとイライラしてしまいます。

私のパソコンって、す〜ぐスリープしちゃうんです。"もう！　このナマケモノめっ"と怒ったりしていました。

それはパソコンの不調じゃないよ。仕事のペースと「スリープ」に入るタイミングが合っていないだけなんだな。

　スリープ状態に入ってしまうと操作性が悪いと感じるなら、設定を見直してみましょう。

① [スタート] メニューの [設定] ボタンを押し、[システム] をクリックします。
② 画面左で [電源とスリープ] をクリックして、ディスプレイ画面の電源が切れる時間、パソコンを操作しない状態がどれくらい続いたらスリープ状態に入るかの時間をプルダウンメニューから選択しましょう。なお、メニューの一番下にある [なし] を選択すれば、これらの機能は無効になります。

任意の時間を選択しよう

　ここでスリープ、休止状態、シャットダウン、再起動と電源まわりの機能の内容について紹介します。
　仕事の途中にパソコンを使わない時間が発生した場合、常にシャットダウンすることはありません。次の作業に入りやすい状態にしておくことが、作業効率のアップにもつながりますので、しっかり使い分けましょう

- スリープ
   必要最低限の電力でパソコンを待機させる。ディスプレイ画面やハードディスクなどへの電源供給を停止して、CPUやメモリーのみに供給を続けるため、復帰は休止状態よりも早くなる。
- 休止状態
   作業の状態（メモリーの内容）をハードディスクに保存して電源供給を切る。次に電源が入ると、ハードディスクからメモリーにデータを読み出して直前の作業を復元する。スリープよりも消費する電力が少ないが、スリープから復帰するよりも時間は掛かる。
   ノートパソコンやタブレットなどで、電力消費を抑えることに役立つ。なおデスクトップ型パソコンでは、初期設定で［スタート］メニューの［電源］には［休止状態］は表示されていない。
- シャットダウン
   Windowsを終了して、パソコンの電源を切る。Windows10では高速起動を実現するため、起動時の情報をハードディスクに保持しておく「ハイブリッドブート」と呼ばれる高速スタートアップが有効になっている。
- 再起動
   Windowsをいったん終了させ、再度起動する。このとき、ハイブリッドブートは適用されないため、パソコンの動作が不安定などのトラブル時には、再起動のほうが問題を解決できる。

　電源まわりの操作は、パソコンでの作業をどう中断させておけば、スピーディに再開できるかということを考えて行う必要があります。またパソコンがノート型でバッテリーの問題があるなら、電力消費にも配慮しておきたいものです。
　電源ボタンを押したときの動作や休止状態を電源メニューに表示させるなどの細かい設定は、「電源オプション」で行います。

① ［スタート］ボタンを右クリックして［コントロールパネル］を選択します。
② 画面右上の［表示方法］で「大きいアイコン」か「小さいアイコン」を選び、アイコン表示させ、［電源オプション］をクリックします。
③ 画面左の［電源ボタンの動作を選択する］をクリックして、「現在利用可能ではない設定を変更します」という一文をクリックすると、電源ボタンに関するさまざまな設定を変更することができます。

(設定の変更をするのに、この手順を踏まないといけないのは、ちょっとわかりにくいですのですが、どうやら仕様のようです)。

column

席を離れるときは、「ロック」を掛ける

　トイレや休憩などで短時間だけパソコンから離れるとき、ディスプレイ画面に作業途中のデスクトップを表示させておくのはセキュリティ上、問題があります。とはいえ、シャットダウンやスリープにしておくのは、作業を再開するときに待ち時間が生じることになります。

　筆者は通常、離席するときには、パソコンを「ロック」しています。ショートカットキーで[Windoes]+[L]キーを押すか、[スタート]メニューにあるアカウント名をクリックして[ロック]を選択します。するとディスプレイにはロック画面がすぐに表示されます。デスクトップ型パソコンなのでスリープ状態は「なし」に設定しており、席に戻ってからサインインすればただちに作業を再開できるというわけです。

　蛇足ですが、ディスプレイ画面の電源を切る機能は「なし」にはしていません。もしロックすることを忘れてトイレに行ってしまうと、筆者の仕事っぷりがずっと表示されたままになりますので、5分を経過したらディスプレイ画面は消えるようにしています。

　人間にはうっかりミスはつきもの。人為的ミスをカバーしてもらえる機能は、積極的に利用したいものです。

自動的にメンテナンスを行っているということ

　パソコンが快適に動くためには、システムのメンテナンスが不可欠ですが、Windows10には『自動メンテナンス』機能があり、ユーザー自身が行う必要はありません。ソフトウェア更新、セキュリティスキャン、システム診断といったことを、設定している時間に実行してくれます。

　ただし、このメンテナンスは"ユーザーがパソコンを操作していないとき"に実行されるもので、その時間帯に何らかの操作をしていたり、パソコンに電源が入っていなければ実行されません。初期設定では夜中の2時に行われるようになっていますので、必要に応じて変更しましょう。

> 夜中の2時なんて、仕事をしていることはないですよ～。

> つまり、その時間にはパソコンは起動していない、ってことだよね。だったらメンテナンスを実行するのに、最適な時間に設定し直しておこうか。

① [スタート] ボタンを右クリックして [コントロールパネル] を選択し、[システムとセキュリティ] の [コンピューターの状態を確認] をクリックします。

② [メンテナンス] をクリックすると画面下に詳細が表示されるので、[自動メンテナンス] の [メンテナンス設定の変更] をクリックします。

③ [自動メンテナンス] 画面で [メンテナンスタスクの実行時刻] を昼休みの時間帯など、パソコンを使用しない時間に変更しましょう。

■実行時刻やスリープ解除に関する設定を見直す

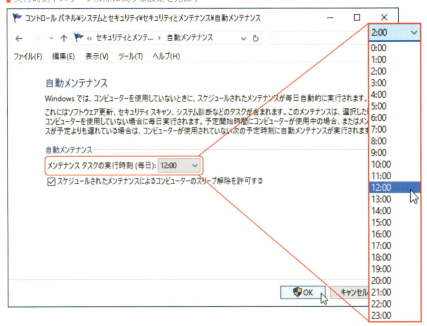

　なお、この画面の［スケジュールされたメンテナンスによるコンピューターのスリープ解除を許可する］にチェックマークを入れておくと、スリープ状態にしていても、設定時刻になると自動的に解除されてメンテナンスが行われます。必要なければチェックマークを外しておきましょう。

　実は筆者はこの機能を知らず、仕事が忙しくなると、自宅でパソコンを終了せずにスリープ状態にして就寝していました。夜中にスリープが解除されてパソコンが動き出し、真っ暗な中でディスプレイがサーチライトのように部屋を照らし始め、驚いて飛び起きる、ということを繰り返しました。電源系統が壊れたのか、修理に出さないとダメなのかと、頭を抱えたという経験があります。

　もし、この設定に気づかず、故障だと判断してメーカーに修理を依頼したりすれば、パソコンを使えない期間が発生して仕事が滞るところでした。便利なWindowsの機能も、ユーザー自身が把握しておかなくては、別のトラブルを引き起こしかねませんね。

column

自動メンテナンスでパソコンが重くなる?

　バックグラウンドでメンテナンスが行われている間は、パソコンが重くなるのは仕方がないこと。パソコンのスペックや使用環境によって。どれくらい遅くなるかは程度が違います。Windows10の場合は、自動メンテナンス機能が動作するのは数十分程度といわれており、休憩時間に動作するように設定しておけば、さほど仕事には支障はでません。

　それでも「パソコンが重いと仕事の効率が悪くなる、毎日のメンテナンスは必要ない」という人もいるでしょう。残念ながら、自動メンテナンスを無効にする機能はありません(実行中のメンテナンスを停止する機能はあります)。

　なお、Windows7/8/8.1から10にアップグレードした直後に行われる自動メンテナンスは2〜3時間は掛かってしまうようです。自動メンテナンスを何度か行えば、数十分程度で終了するようになりますので、アップグレードした場合は、使い始める前に[セキュリティとメンテナンス]画面にある[自動メンテナンス]欄の[メンテナンスの開始]で手動で実行させておくとよいでしょう。

■自動メンテナンスを手動で実行する

Windowsは最新の状態で使うことが常識

　パソコンが快適に動くためのポイントとして、**OSであるWindowsを「常に最新の状態にしておく」**という点も挙げられます。

　なぜ、いったんインストールされているWindowsを"最新の状態"にしなくてはならないのか? これは、Windowsといえども、人が作ったプログラムですから"欠陥のない完璧なものではない"という事情があるからです。

　ユーザーが使いにくいと感じている点があったり、システムの不安定な部分が見

つかれば、早急に修正しなくてはなりません。また、セキュリティの脆弱な部分（これを「セキュリティホール」と呼びます）をゼロにすることは、どうしてもできません。そういった不完全さを狙って侵入しようとするウイルス（参照 P.205）を防御するために、セキュリティホールが発見されるとただちに修正しなくてはなりません。

完璧でないWindowsを使っていると、いろいろ困ったことが起きるんですね？

そう。Windowsは一番新しいものが、一番性能がよいもの、というわけ。『Windows Update』という機能で、Windowsは常に新しい状態になるからね。

　通常、Microsoft社は毎月第2火曜日に『セキュリティ更新プログラム』と呼ばれる修正プログラムを公開しています。日本時間では時差の関係上、第2水曜日（もしくは第3水曜日）に公開となります。ただし、セキュリティホールが発見された際には、スケジュール外であっても迅速にプログラムが配布されますので、私たちはどのタイミングであっても、プログラムを受け取らなくてはなりません。そのため、Windowsにはもれなく付属している『Windows Update』は自動更新に設定されていることが望ましいのです。

　そういった背景があるためか、Windows10のエディションのうち一般ユーザーが多い『Home』のみは、自動更新以外の選択はありません。つまりHomeを使っているパソコンでは、インターネットにつながっている環境であれば、タイミングを選ばず修正プログラムが問答無用でインストールされ、Windowsが再起動されます。

　この自動更新は、もしかしたらビジネス上では不都合な場面が出てくるかもしれません。たとえば、会議に出席するためパソコンから離れていたら、その間にWindows Updateが実行されてしまい、自席に戻ってきたら再起動されていた、ということも起こります。このとき、書きかけの報告書ファイルを上書き保存（参照 P.165）していなければ、中身はきれいさっぱりと消えてしまう、とうことになります。

　こういった事態を避けるために、ファイルは常に上書き保存を忘れない、そして使っているパソコンにおいて、Windowsの自動更新のタイミングを把握しておくことです。

　なお、Windows10の『Pro』『Enterprise』には、アップデートを延期する機能があります。［スタート］メニューの［設定］ボタンを押し、［更新とセキュリティ］を

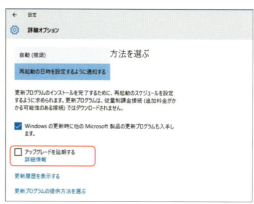

■ Windows10 Pro、Enterpriseではアップデートの延長が可能（Homeでは、この項目がない）

選択します。画面左の［Windows Update］を押して、画面右の［詳細オプション］をクリックします。［アップグレードを延期する］にチェックマークを入れておくと、新機能やアップグレードはすぐには行われず延期されます。

使い続けてきたパソコンの動作が遅くなる理由

　パソコンは長期間使い続けていると、新品の頃に比べて動作が遅くなってきます。これは**ファイルの作成や削除を繰り返してきたことにより、ハードディスクやSSDの状態が新品の頃とは異なる状況になっている**からです。

　何か月、何年と使い続けていると、パソコンも古くなってしまう。人間と同じで、年老いてくると素早く動けなくなるのかな〜と思っていました。

　パソコンは人間じゃないから、"老化現象"はないけどね。ハードディスクなどに書き込まれたデータを呼び出すのに時間が掛かるようになってきているの。仕組みがわかれば、すぐに納得できるからね。

　第4章ではハードディスクを机の引き出しにたとえて、ファイルの作成についてお話ししました（参照 P.116）。ここでは、その引き出しに、どういう具合にファイルが格納されていくのか、もう少し突っ込んだところまで説明しましょう。

　引き出しの中は、番号の付いた小さな間仕切りが複数あり、それぞれのエリアに番号が振られています。新品の状態であれば、どのエリアにも何も入っていません。ファイルはデータの固まりですが、容量によって、ひとつのエリアにすべてのデータが納まるとは限らず、複数のエリアに分散されて入っていきます。

ハードディスクが新品のときは、ファイルを作成すると、各エリアに順序よくデータが入っていきます。「ファイルAは1番から5番まで」「ファイルBは6番から12番まで」「ファイルCは13番から18番まで」という具合に順番に格納されていく、というイメージです。通し番号の付いたエリアの最後の番号まで使い切るように、これが繰り返されます。

　そして<mark>ファイルが削除されると、そのデータが入っていたエリアが空き状態</mark>になります。たとえばファイルAとCを削除すると1番から5番までと13番から18番までのエリアは空っぽの状態となりますが、ファイルBは削除していませんので、6番から12番まではデータが入っています。

　<mark>ここに新たなファイルが作成されると、空き状態のエリアにデータを入れていきますが、空いているエリアが順番どおりだとは限りません</mark>。ファイルAとファイルCが削除されているところに、エリアが8つ必要なファイルXを作成したとしたら、「1番から5番までと13番から15番まで」というように、データは分散されます。

　ファイルXを開くとき、データは1番から5番まで、そして13番から15番までと<mark>バラバラのエリアから呼び出されます</mark>ので、通し番号のエリアに固まっている状態よりも少し時間が掛かります。

　このようにハードディスク内の不連続エリアにファイルが保存された状態を「断片化」または「フラグメンテーション（fragmentation）」と呼びます。<mark>断片化が進むと、ファイルの読み出しに時間が掛かります</mark>ので、パソコンの動作は新品の頃に比べると遅くなる、というわけです。

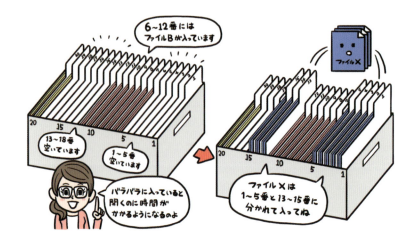

230

長く使い続けたパソコンの スピードアップ法

　長期間使い続けたパソコンなら、ハードディスクの断片化が進んだことで、ファイルの読み出しが遅くなっています。

　そのような状態のハードディスクやSSDは、「ドライブの最適化」を行うことで改善されます。この最適化とは、分散しているエリアに保存されているデータを整理整頓して、できるだけ連続したエリアに移動させる、といったものです。

整理整頓って、まるで大掃除をするみたいですね。

そうね。グチャグチャに物が入っている引き出しの中を掃除するように、不要なものは捨ててから、必要なものをキレイに並べる。そうすれば、仕事中に使いたいものをすぐに取り出せるでしょ？　あれと、同じだよ。

　まずはハードディスクの断片化がどのくらい進んでいるかを確認しましょう。断片化が進んでいるようなら、ドライブの『最適化（デフラグ）』を行うことになります。

　その際、注意したいのが、最適化を実施する前に、不要なファイルの削除をしておくこと。そして最適化を実行している間は作業をしないことです。最適化とは、机の中の整理整頓をするようなものです。整理したあとに必要ないものが出てきて、それから取り除いても、不要な空間が出てきてしまいます。そして整理整頓をしている最中に新しいものが入ってくると、整理がうまくできません。

　ちょうど部屋の模様替えをするような感じで、ハードディスク内をきれいにするんだ、というイメージを持てば、手順を間違えることはないはず。このメンテナンスは時間が掛かるものですから、何度もやり直しにならないように、計画的に実施しましょう。

不要なファイルをまとめて削除する

　日頃から、不要になったファイルは自分できちんと削除しているといっても、システムが勝手に作っているものやインターネットを利用している中で自動ダウンロードされたものなど、無用なファイルが溜まっているかもしれません。そういったユーザー自身が気づけないゴミファイルは『ディスクのクリーンアップ』機能を使って、まとめて削除することができます。

　削除の手順を紹介しましょう。

① タスクバーにあるフォルダーアイコンをクリックしてエクスプローラーを開きます。画面左で [PC] を選びます。
② [デバイスとドライブ] にあるＣドライブを選択し、[ドライブツール] タブを開いて [クリーンアップ] ボタンを押します。

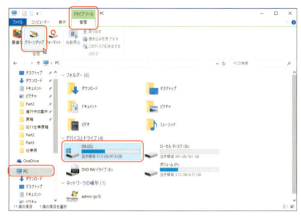

③ Ｃドライブにある不要なファイルの容量を計算してくれます。しばらくすると [ディスククリーンアップ] ダイアログが開きます。
④ [削除するファイル] の項目をクリックすると、ファイルの内容が表示されますので、削除したいものにチェックマークを入れて [システムファイルのクリーンアップ] ボタンを押します。

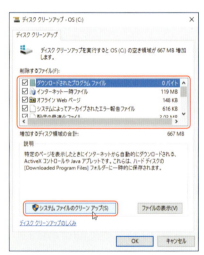

■ハードディスクの断片化を確認する

　ハードディスクの断片化がどれくらい進んでいるかを確認しましょう。特にシステム関連のファイルが保存されているＣドライブの断片化は、10パーセントを超えていたら最適化を行うべきでしょう。
　最適化を実行する手順を紹介します。

① タスクバーにあるフォルダーアイコンをクリックしてエクスプローラーを開きます。画面左で[PC]を選びます。
② [デバイスとドライブ]にあるCドライブを選択し、[ドライブツール]タブを開いて[最適化]ボタンを押します。

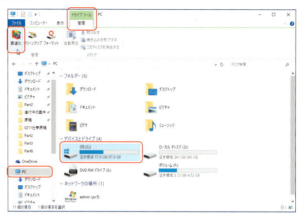

③ [ドライブの最適化]画面が開きますので、断片化を確認したいドライブをクリックして選択し、[分析]ボタンを押します。分析が完了すると[現在の状態]にどのくらいのパーセントで断片化が進んでいるか表示されます。

■最適化の実行について

　ハードディスクの断片化が進んでおり、すぐに最適化を実行したいときは、前述の[ドライブの最適化]画面で実行したいドライブをクリックして選択し、[最適化]ボタンを押します。

　なお、Windows10では**ドライブの最適化を定期的に自動で行うように設定**することができます。初期設定では毎週水曜日の午前1時となっていますが、この時間にパソコンが起動していることが条件です(職場にパソコンを置いている人にとっては、いくらパソコンを使っていない時間帯とはいえ、午前1時に電源を入れることなんて無理な話ですよね)。

　自動的に実行しないようにしたい、または頻度を変更したいときは、**[ドライブ**

の最適化］画面の［設定の変更］ボタンを押し、最適化のスケジュールで変更します。
　頻度は毎日、毎週、毎月から選択できますが、時間帯までは指定できません。通常は月に1回程度で十分ですので毎月を選ぶか、無効にしておいて、断片化が進んでから手動で行えばよいでしょう。

▌［最適化］ボタンを押せばすぐに実行される。自動スケジュールの変更は［設定の変更］ボタンを押す

　なお、自動的に実行させたくないなら［スケジュールに従って実行する］のチェックマークを外して［OK］ボタンを押します。これで自動実行は停止になりますので、好きなタイミングで［ドライブの最適化］画面にある［最適化］ボタンを押して実行してください。

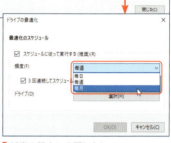

▌任意の設定に変更しよう

column
Windows10におけるSSDの最適化とは

　最近のパソコンでは、ハードディスクではなくSSDを搭載している機種が増えています。ハードディスクとSSDはファイルを書き込む仕組みが異なりますので、最適化も同じ方法では行いません。Windows10ではTrim（トリム）コマンドを実装しており、SSDと認識した場合に実行されます。
　SSDにおけるファイルの削除を簡単に説明すると、ユーザーがごみ箱で「ファイルを空にする（消去）」すると、記録するエリアに削除したというマークが付くだけでデータは残ったままです。次のファイルが書き込まれるときに消去が行われ、それから新たなデータが書き込まれるという手順になります。
　Trimコマンドが実行されると、ごみ箱で「ファイルを空にする」が行われたことがSSDのコントローラーに伝わり、この時点でデータの消去が行われます。その

ため次のファイルは余分な待ち時間は発生することなく、ただちに書き込めることになります。

　ドライブの最適化が有効で、Windows10がSSDと認識できていれば、Trimコマンドが働きますので、SSDが断片化によって速度が遅くなることを防ぐことができます。ハードディスクと同様、自動的に実行されるようにスケジュールを設定しておくか、いったん停止にしておき、手動でTrimコマンドを実行（[ドライブの最適化]画面にある[最適化]ボタンを押す）するようにしましょう。

画面が固まって動かない！そのとき、どうする？

　パソコンを操作しているとき、ふいにマウスポインターが動かなくなる。キーボードからの操作も受け付けない――。このように画面が凍ったように固まってしまう現象を「フリーズ」と呼びます。

画面が固まると、「自分が何か悪いことしたのかな？」って考えてしまうんですけど、いつも「よくわからない」ままパソコンを再起動しています。

フリーズの原因を探っても、コレという答えが出ないことは多いもの。気にしなくて大丈夫！

　パソコンでは複数のプログラムが実行されていますので、原因の特定は困難なのです。フリーズの原因をあれこれ探るよりも、サクッと解決させたほうが、効率的といえます。

　フリーズしたときの状態に合わせて、対処していくことになりますが、Windowsの強制終了という最終手段をとるときは、作成途中であったファイルは"保存を実行したところまでしか残らない"という点は覚悟してください。

■ 特定のアプリケーションソフトのみがフリーズしている

　パソコンがフリーズしたとき、まず確認したいのが、特定のアプリケーションソフトだけが止まっていないか？　という点です。複数のアプリケーションソフトを起動している状態なら、マウスやキー操作を受け付けるもの・受け付けないものを確認しましょう。

　メニューの[終了]を選ぶことも、ウィンドウの[閉じる]ボタンを押すこともで

きないアプリケーションソフトは、タスクマネージャーで強制終了することができます。

　タスクマネージャーは、[スタート]ボタンを右クリックして[タスクマネージャー]を選択、もしくはショートカットキーの[Ctrl]＋[Shift]＋[Esc]キーを押すと開きます。[詳細]タブを開いて、[状態]という欄を見てください。通常は[実行中]となっていますが、動かなくなったアプリケーションソフトは[応答なし]と表示されます。そのアプリケーションソフトをクリックして選択状態にし、[タスクの終了]ボタンを押すと、アプリケーションソフトは終了します。

▎応答しないアプリケーションソフトのみを終了する

■何をやってもフリーズが解消しない

　フリーズ状態がどうしても解消されないとき、Windowsを強制終了して、あらためて再起動しましょう。よほどの原因がない限りは、これで解決します。

　このとき注意したいのが、強制終了した直後に電源ボタンを押さないこと。強制終了したあと、まだパソコンの基板に電気が残っていると、トラブルが起きた状態が保持されている可能性があります。強制終了したら、ゆっくり10まで数を数えてから、あらためて電源ボタンを押してください。

　では、強制終了のやり方を紹介します。この順番で試していき、どのやり方もダメなときに、最終手段として"電源を落とす"ということになります。

①[シャットダウン]メニューをマウスで選ぶ

　マウスポインターを使って[スタート]メニューを開くことができれば、[電源]メニューから[シャットダウン]を選びます。[スタート]ボタンをクリックしても反応がないときは、右クリックしてクイックアクセスメニューを表示させ、[シャットダウンまたはサインアウト]→[シャットダウン]を選択します。

②[シャットダウン]メニューをキーボードで選ぶ

　マウスポインターが動かないとき、キーボードを使って、シャットダウンを実行しましょう。まず[Windows]キーを押します。[スタート]メニューが表示されたら、キーボードの矢印キー（←↑→↓）を使って[電源]を選択し、[Enter]キーを押します。

③ショートカットキーを使う

　ショートカットキーを使って、シャットダウンを試みましょう。まず[Windows]+[X]キーを押して[U]キー、そして再度[U]キーを押します。
　また[Ctrl]+[Alt]+[Delete]キーを押すと青い画面に切り替わりますので、右下の電源ボタンを押してシャットダウンすることもできます。

④本体の電源ボタンを長押しする

　マウスでもキーボードでも操作を受け付けないときは、パソコン本体の電源ボタンを長押しして強制的にパソコンの電源を落とします。この"長押し"とは、電源ボタンを4〜5秒間押した状態にすることを指します。最近のパソコンは、ポンと電源ボタンを押したくらいでは電源は落ちません。

　事前にハードディスクなどが動いていないかを本体のランプの点滅や内部の音を聞くことで確認します。ランプがチカチカしていたり、本体から音が聞こえるときは、フリーズしているとはいえパソコン内部で何らかのファイルが実行されている可能性があります。この状態にあるときは、絶対に電源を落としてはダメ。パソコンに致命傷を負わせて、最悪二度と立ち上がらなくなるかもしれません。

　パソコンが静かな状態になったら、電源ボタンを長押ししてWindowsの強制終了を行ってください。

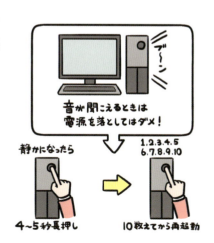

パソコンの調子が悪くなる直前の状態に戻す

アプリケーションソフトやデバイスドライバーをパソコンにインストールしたら、フリーズを繰り返すなどパソコンの調子が悪くなってしまった、ということがあります。システム関連のことにトラブルが起きていると思われる場合は、==パソコンの調子がよかったときの状態に戻す==「**システムの復元**」という機能があります。

復元って"元に戻す"ことですよね？ そんなスゴイことができるんですか？

そう、できるよ！ でも、全部戻るわけではないからね。どういった機能であるかを、この機会にしっかりと把握しておこうね。

システムは過去の状態に戻るけれど、自分で作成したファイルは戻らない、という機能ですが、Windows10では初期設定で「無効」になっています。本書を読んで、「あ、今まさにパソコンの調子が悪いので、システムの復元を使おう！」と思っても、「有効」に設定していないのなら、残念ですが利用できません。

アプリケーションソフトをインストールすることが多い、新たに周辺機器を接続する（新たにデバイスドライバーを入れる）こともある、という人は、まずシステムの復元を有効にしておきましょう。

その上で、パソコンの調子がよいときやアプリケーションソフトなどをインストールする前に==「**復元ポイント**」を作成==しておきます。これで準備は完了。その後、パソコンが不調になったら、あらかじめ作成していた復元ポイントにシステムを戻す、ということになります。

それぞれの手順を紹介しましょう。

▌「システムの復元」を有効にする

まずは「システムの復元」機能を有効に設定する手順を紹介しましょう。

① タスクバーの［何でも聞いてください］ボックスに「復元ポイント」と入力して、［復元ポイントの作成コントロールパネル］をクリックします。

②［システムのプロパティ］ダイアログの［システムの保護］タブが開きますので、無効になっているCドライブを選択した状態で［構成］ボタンを押します。

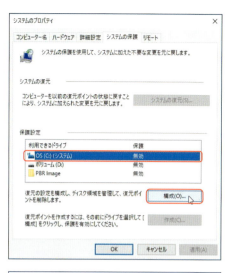

③［システム保護対象］ダイアログが開きますので、［システムの保護を有効にする］のラジオボタンをクリックし、［OK］ボタンを押します。

④［システムのプロパティ］ダイアログに戻りますので、［利用できるドライブ］が有効になっていることを確認して［OK］ボタンを押します。

これで「システムの復元」機能が有効になりました。

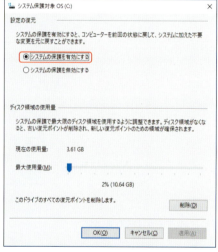

■■「復元ポイント」を作成する

システムの復元を有効にしたら、「復元ポイント」を作成しましょう。

239

① [システムのプロパティ] ダイアログの [システムの保護] タブにある [作成] ボタンを押します。

② [復元ポイントの作成] 画面のフォームに復元ポイントの名前を入力します。日時は自動的に入りますので、わかりやすい名前 (ここでは「調子がよい」) を入力して、[作成] ボタンを押します。

③ 復元ポイントが作成され、正常に作成されたメッセージが表示されたら [閉じる] ボタンを押します。

④ [システムのプロパティ] ダイアログの [OK] ボタンを押します。

■■「システムの復元」をする

パソコンの調子が悪くなったら、システムの復元を実行します。手順は次のとおりです。

① タスクバーの [何でも聞いてください] ボックスに [回復] と入力して、[回復コントロールパネル] をクリックします。

② [回復] 画面が開きますので、[システムの復元を開く] をクリックします。

③ [システムファイルと設定の復元] の [次へ] ボタンを押します。

④ 作成しておいた復元ポイントが表示されますので、戻したいポイント名をクリックして選択状態にし、[次へ] ボタンを押します。

⑤ [復元ポイントの確認] 画面でドライブやポイントを確認して [完了] ボタンを押します。

⑥ 「いったんシステムの復元を開始したら、中断することはできません。続行しますか？」というメッセージが表示されます。

⑦ [はい]をクリックするとシステムの復元が開始されます。復元が完了すると、自動的にパソコンが再起動されます。
⑧ 再起動されると「システムの復元は正常に完了しました」というメッセージが表示されるので[閉じる]ボタンを押します。

なお、操作している日よりも5日以前に復元ポイントを作成している場合は、戻したいポイントの一覧に表示されません。「他の復元ポイントを選択する」にチェックマークを入れましょう。

パソコンが動かない! そのとき何をすればいいのか

パソコンを仕事のツールとして利用しているとき、もっとも困るのが"パソコンが思うように動かない"というトラブルです。そのトラブルでも、電源自体が入らない——という症状は、仕事ができないという最悪の事態です。

すぐに販売店かメーカーに持ち込んで、修理をしてもらわなくっちゃ!

こらこら、あわてちゃダメ〜。まずはパソコンの現状確認をして、対処できることはすべて試すのが大事だよ。修理に出すのは、最後の手段だからね。

パソコンは、第1章で説明したように、ハードウェアとソフトウェアで成り立っています。今、パソコンが動かなくなっているのは、どちらに問題が起きているからなのか——。最初に、この点を見極めなくてはなりません。

ハードウェアのトラブル、つまり機械的な故障ならば部品の交換が必要となり、あなたの手には負えないかもしれません。この場合は、メーカーなどに修理を依頼することになります。保証期間が切れているなら、有償での修理となるでしょう。

一方、ハードウェアには問題がなく、==ソフトウェアつまりはWindowsに問題が生じているのなら、自分で解決することは可能==です。とはいえ「具体的にどうすればよいかわからない」「私は機械に弱いから、下手に触って壊してしまうかもしれない」と、困惑する人もいるでしょう。仕事に必要なパソコンだから、有償でもかまわないので、さっさと修理に出そうと考えるかもしれません。

が、==まずは自分でやれることをやって、どうしても復旧できないとなってから、==

修理に出しても遅くはありません。もしかしたら、自分で簡単に復旧できたのに、わざわざメーカーに修理を出したために、パソコンが使えない時間が長くなって、仕事の進捗を大きく妨げてしまった――というのでは、あまりに残念です。

パソコンがどういった機械であるかを理解していると、トラブルに対する対処もできるようになります。パソコンの症状から、何が起きているかを考えつつ、どういった対処をしていくかを判断することが大切です。

Windowsが起動しないとき、まずは機械的な故障がないかを確認しよう

パソコンのトラブルのなかでも、最大級のもの。それは何をしてもパソコンが反応しない、という事態です。

この場合は、まずはハードウェアの故障がないかをチェックをしてね。

● 電源ケーブルは正しくつながっているか

パソコン本体につながっている電源ケーブルを見てください。正しくコンセントにつながっていますか？ ディスプレイとパソコン本体の接続、そしてディスプレイの電源はオンの状態であるかを確認しましょう。

特に職場に据え置いているパソコンは、席にいない間に何が起きているかわかりません。掃除のときに電源ケーブルを抜かれていたとか、いつの間にかディスプレイの電源がオフに切り替わっていたとか。あまりにも初歩的なことですが、意外と確認できていないものです。「パソコンが壊れた！」と、大騒ぎしたあとから、実はうっかりミスだったと恥をかかないためにも、何よりも先に確認しておいてください。

● 電源ランプは点灯するか

電源ボタンを押してもWindowsが起動してこないなら、まず本体の電源ランプが点灯しているか確認します。点灯していないなら、電源装置が故障している可能性があります。この場合は、機械的なトラブルですので、すぐにメーカーなどに修理を依頼してください。前項でメーカーに修理を依頼するのは最後の手段だといいながら、「いきなり修理に出せとは、なんだ」と思うかもしれませんが、電源装置

の故障は交換でなければ改善できません。**迷わずメーカーに修理を依頼**してください。

● ディスプレイの異常ではないか

電源ランプが点灯するのに、ディスプレイ画面になにも映らないときは、ディスプレイ本体に問題があるかもしれません。

正しく起動する別のパソコンがあれば、それを使っているディスプレイに接続してみましょう。**ディスプレイ本体に問題がなければ、パソコン側の問題**です。

● 本体からビープ音が聞こえないか

ディスプレイには問題がないのに画面は真っ暗な状態のまま、パソコン本体から「ピー、ピー、ピー」といった聞き慣れない音がしたら、それは**「ビープ音」による故障発生のメッセージ**です。

ビープ音とは、起動時に起きたトラブルをディスプレイ画面に表示させることができないとき、パソコン内部にある「マザーボード」という部品が発する音です。鳴り方によって起きているトラブルの内容を知らせます。たとえば「ビー、ピッ、ピッと鳴ったら、それはメモリーの接点不良」というように、鳴り方のパターンによって、どのようなトラブルを示しているのか決まっています。

ビープ音の種類はマザーボードによって内容が異なるため、**パソコンまたはマザーボードのマニュアル、もしくは製造メーカーのWebサイトで確認**してください。トラブルの原因がハッキリすれば、どの部分を確認・対処すべきかが明確になります。

● メモリーの装着が甘くないか

ビープ音すら鳴らないとき、起動しなくなる直前に**メモリーの増設や交換をしていたのなら、正しく装着されていない可能性**があります。メモリーの装着が甘いことが考えられますので、一度外して、再度、装着しなおしてみましょう。

● CPUが故障した可能性

メモリーに異常がなければ、CPUが故障したのかもしれません。CPUはパソコンの中枢（参照 P.023）ですので、これが故障すると致命的です。筆者も一度経験がありますが、**CPUが故障するときは何の予兆もなく、いきなりパソコンが起動しなくなります**。

CPUの故障の原因は熱暴走などが考えられます。日頃から温度が上がりやすい場所にパソコンを置かない、通気口をふさがないなどの注意が必要です。

自分でCPUを交換できるほどの知識がなければ、メーカーに修理を依頼することになります。CPUはパーツのなかでも高価なものですので、有償での修理なら、かなりの修理代が掛かるでしょう。もしかしたらパソコンを買い替えたほうが、安上がりかもしれません。

• **英語のエラーメッセージが出ている**

パソコンに電源は入るが、ディスプレイ画面に英語のエラーメッセージが出てWindowsが起動しない場合、メモリーやハードディスクなどのハードウェアの故障が考えられます。メッセージをよく読んで、対処が難しいようなら、メーカーに修理を依頼しましょう。

• **周辺機器が原因ではないか**

電源が入っているのにディスプレイ画面が暗いままというときは、いったん電源を落として、パソコンに接続しているすべての周辺機器を取り外してください。マウスとキーボードだけを接続して電源ボタンを押してみましょう。

Windowsが起動するのであれば、接続していた機器に問題があったと思われます。Windowsが起動した状態で再接続をし、正常に使えるのであれば、必要なときのみパソコンにつなぐようにしましょう。

マウスとキーボードだけで電源を入れても改善されないのであれば、ハードウェアのトラブルがどこかに起きています。メーカーなどに修理を依頼しましょう。

ハードウェアの確認作業がすべて終わり、Windowsが起動しなければメーカーに修理を依頼してください。Windowsが起動しても動作が安定しないときは、ソフトウェアの問題ですので、Windowsの「システムの復元」(参照 P.240) へと進みましょう。

トラブル自体にオロオロしちゃって、ちゃんと確認できないことって多いです。まずは落ち着いて、パソコンの状態をチェックする必要があるんですね。

そうだね。トラブルが起きる前のことも冷静に思い出して、原因を突き詰めてみて。案外、自分で解決できることもあるからね。

column

修理を依頼するとリカバリーは避けられない

　ハードウェアが故障した（と思われる）ときは、メーカーなどに修理を依頼するのが一番早い解決方法です。会社から貸与されているパソコンなら、管理をしている部署に連絡を取りましょう。

　自身で対処しなくてはならない場合は、メーカーや販売店などにパソコン本体を預けます。修理前にメーカー側から「ハードディスクは初期化されますが、よろしいですか？」と確認されることがあります。これは「こちらでリカバリーを実行するので、ハードディスクに保存されているデータファイルはすべて削除されます。それでもかまわないですか？」という意味です。リカバリーとは、ハードディスクに保存されているファイルをすべて消去して、Windowsのシステムファイルを入れ直すことです。

　ハードディスクに重要なファイルが保存されており、バックアップをとっていないなら、この段階でファイルを削除されるわけにはいきません。修理を断念してパソコンを返却してもらい、データ復旧業者にファイルの復元を依頼する、ということになります。

　リカバリーされて困る状態のパソコンが機械的に壊れた場合は、修理よりもデータファイルの救出を先に行わなくてはダメ。ハードディスクに問題がなければ、救出は可能ですので、パソコンの内部に詳しい人や業者を頼りましょう。必要なファイルが取り出せてから、パソコン本体の修理をメーカーに依頼するのが順当です。

　どんなに慎重に扱っていても、パソコンは機械ですので、物理的に壊れることはあります。修理は可能ですが、メーカー、販売店、専門業者を問わず、ハードディスクの初期化を前提にして修理を請け負うケースが多く、トラブルが起きる直前の状態に戻ることは稀です。いつ壊れても心置きなく修理に出せるように、重要なファイルは必ずバックアップをとっておくこと（参照 P.183）。これが大切なのです。

Windowsの起動がうまくいかないとき

　ハードウェアに問題がなく、ソフトウェアつまりはWindowsのシステムファイルにトラブルが発生している場合も、パソコンは正常に起動しません。

　最近のパソコンは、電源ボタンを押すと、数十秒のうちにWindowsが起動して、サインイン画面が表示されます。この数十秒の間に、小さなプログラムの実行から始まって、次々にシステム関連のファイルが読み出されていき、やがてWindows

が立ち上がるというプロセスです。

このWindowsの起動に必要なファイルに問題が起きた場合、自動的に「==スタートアップ修復==」画面が表示されます。

「スタートアップ修復」画面って、まだ見たことがないです。

今までトラブルがなかったからよ。この画面が表示されたとき、落ち着いて対処できるように、どういう機能かをしっかり覚えておこうね。

「スタートアップ修復」とは、==起動に必要なファイルをチェックし、不具合があれば修復==してくれる役目を持ちます。データファイルには何の影響も及ぼしませんので、この画面が表示されたら、修復を実行しましょう。

「スタートアップ修復」は、手動で実行することもできます。手順は次のとおりです。

① [スタート]メニューの[設定]ボタンを押し、[更新とセキュリティ]をクリックします。
② 画面左の[回復]をクリックして、[PCの起動をカスタマイズする]にある[今すぐ再起動する]ボタンを押します。

③ パソコンが再起動されて、[オプションの選択]という青い画面が表示されます。
④ [トラブルシューティング]をクリックして[詳細オプション]をクリックすると、[スタートアップ修復]がありますので、これをクリックしましょう。

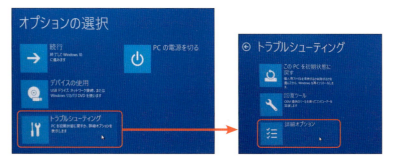

スタートアップ修復が実行されますので、終了するまでしばらく待ちます。終了後、「スタートアップ修復でPCを修復できませんでした」と表示されるようでしたら、次項で紹介する「PCを初期状態に戻す」ことを検討しましょう。

最終手段は「このPCを初期状態に戻す」

どうしてもWindowsの状態が改善しないようなら、パソコンを初期状態に戻す機能がWindows10にはあります。自分でインストールしたアプリケーションソフトなどは、すべて削除されますが、メーカー製パソコンの場合はプリインストールされていたものは残ります。

最後の手段をとるとき、大切なファイルをなくさないように十分な注意が必要！ しっかりと準備をしてから実行してね。

ちょっとコワい作業ですよね。気を引き締めて掛かります。

この機能を実行するとき、「個人用ファイルを保持する」という選択肢がありますが、ここには要注意！ 業務上、重要なファイルは必ずバックアップ（参照 P.183）をとり、"パソコンの外"で保管しておきましょう。パソコンを初期状態まで戻すのですから、何が起きるかはわかりません。万が一、重要なファイルが消えてしまっても、誰も責任をとってくれませんし、もちろんやり直しはできません。

Windows7、8/8.1から10にアップグレードしたパソコンでは、この操作をすると、以前のバージョンに戻すことができなくなります。その点も事前に了承しておく必要があります。

なお、職場から貸与されたパソコンでは、勝手に初期状態に戻すことを禁じられている場合もあるでしょう。事前に確認してから実行するようにしてください。

では、パソコンを初期状態に戻す手順を紹介しましょう。

① [スタート] メニューの [設定] ボタンを押し、[更新とセキュリティ] をクリックします。
② 画面左の [回復] をクリックして、[このPCを初期状態に戻す] にある [開始する] ボタンを押します。

③ [オプションを選んでください] の画面が表示されます。この内容はパソコンの出荷状態や以前のバージョンからのアップグレードの有無によって内容が異なります。

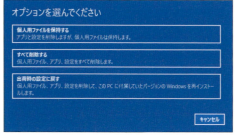

この画面の内容はパソコンによって異なる

　一般的には「個人用ファイルを保持する」を選びますが、デバイスドライバーもアプリケーションソフトとして認識されるため、削除されるものの一覧に入っています。Windows Updateなどで自動的にインストールされたものも、ここでいったん消えますので、初期状態に戻ったあとに再度自動的にインストールされる、ということになります。プリンター用のドライバーなど、手動でインストールしたものは、再インストールが必要です。

　「すべてを削除する」を選んだ場合は、途中で「ドライブのクリーニングも実行しますか？」との選択肢がでます。クリーニングを実行すると、消去したデータが復元されにくくなりますので、パソコンを手放すときにはお勧めです（ただし、クリーニングには時間が掛かります）。

④ 画面に表示される内容を確認しながら進んでいくと、[このPCを初期状態に戻す準備ができました] という画面になり、下部に [初期状態に戻す] ボタンが表示されます。このボタンを押すと処理が実行されます。しばらく時間が掛かりますが、終了するとパソコンが再起動されます。

column

必ず事前に準備したい！「回復ドライブ」というもの

　Windowsが起動できる状態であれば、「このPCを初期状態に戻す」機能を実行することができます。しかし、Windowsそのものが起動しない状態になった場合は、この機能を使うことができません。

　そういった事態を想定して、パソコンの調子がよいときにUSBメモリーを使って「回復ドライブ」を作成しておく、という手法があります。

① コントロールパネルの［システムとセキュリティ］にある［ファイル履歴でファイルのバックアップコピーを保存］を選択し、画面左下の［回復］を選んで［回復ドライブの作成］をクリックします。
② ［回復ドライブの作成］画面が開きますので、画面の説明に沿ってUSBメモリーにデータを書き込んでいきます。

　使っているパソコンが以前のバージョンからWindows10にアップグレードしているなど、状況によっては、回復ドライブではなくリカバリディスクを作成する必要がある場合もあります。詳細はパソコンメーカーのWebサイトで確認してください。

　職場から貸与されているパソコンの場合、管理している部署があるなら、回復ドライブまで個人で作成する必要はないかもしれません。セキュリティ上、パソコン自体がUSBメモリーを使えない仕様になっているというケースもあります。
　Windows10における回復ドライブの作成は、パソコンユーザーとしての知識として、知っておきたい事柄ですが、職場の指示に合わせて対応するようにしてください。

INDEX

記号・数字

? (ワイルドカード) …… 176
* (ワイルドカード) …… 176
2段階認証 …… 205
32ビット …… 31
64ビット …… 31
80286 …… 23
80386 …… 23
8088 …… 23
8ビット …… 156

A

[Alt] キー …… 105
AMD系 …… 27
Anniversary Update …… 177

B

b (ビット) …… 156
B (バイト) …… 156
BitLocker …… 205

C

[CapsLock] キー …… 80
CD/DVD …… 197
CD-R/RW …… 197
Cortana …… 173, 177
CPU …… 23, 27, 116, 214
CPUの名前 …… 28
[Ctrl] キー …… 88
Cドライブ …… 121, 130

D・E・G・I・K

Desktop Background …… 69
DVD-R …… 200
EB (エクサバイト) …… 156
ENIAC …… 15
GB (ギガバイト) …… 156
IBM-PC …… 23
Internet Explorer …… 178
iOS …… 26
iPhone …… 26
KB (キロバイト) …… 156

L・M・N・O

Lhaplus …… 171
Macintosh …… 22
MacOS …… 22
MB (メガバイト) …… 156
Microsoftアカウント …… 74
Microsoft Edge …… 179
[Num Lock] キー …… 80
OS …… 18, 20

P

PB (ペタバイト) …… 156
PDFファイルの保存 …… 180
PIN …… 75, 203
　設定 …… 204
PrintScreen …… 71
[ProgramFiles] フォルダー …… 121

Q・S・T・U

QWERTY配列 …… 91
[SendTo] フォルダー …… 186
SSD …… 23, 196
SSDの最適化 …… 234
TB (テラバイト) …… 156
Trim (トリム) …… 234
USBメモリー …… 196
USBメモリーの取り外し …… 199

W

Windows …… 20
[Windows] キー …… 92
Windows10のデスクトップ …… 46
Windows10 Enterprise …… 31
Windows10 Home …… 31
Windows10 Pro …… 31
Windows7 …… 24
Windows95 …… 23, 24
WindowsVista …… 24
WindowsXP …… 24, 31
Windowsストアアプリ …… 50
Windowsのバージョン …… 28
Windows as a Service …… 25
Windows Defender …… 207
Windows Update …… 32, 228

251

Wondershare データリカバリー ……… 182

Y・Z
YB（ヨタバイト） …………………… 156
ZB（ゼタバイト） …………………… 156
ZIP形式 ……………………………… 157

ア
アイコン ……………………………… 42
　大きさの設定 ……………………… 65
　デスクトップへの表示 …………… 65
　配置の設定 ………………………… 66
アカウント ……………………… 46, 74
圧縮 ………………………………… 157
圧縮ファイル ……………………… 171
圧縮フォルダー …………………… 157
アップグレード …………………… 34
［アドレス］バー ………………… 137
アナログ …………………………… 37, 39
アプリケーションソフト ……… 18, 20
　タスクバーへ登録 ………………… 55

イ
印刷（ショートカットキー） ……… 88
インデックス ……………………… 176
インテル系 ………………………… 27

ウ
ウィンドウ
　最小化（ショートカットキー） …… 93
　サムネイル表示（ショートカットキー） …… 94
　最大化（最小化）（ショートカットキー） …… 96
　左右に固定（ショートカットキー） …… 95
　順番に切り替え（ショートカットキー） …… 96
ウイルス対策ソフト ……………… 206
上書き保存 ………………… 165, 166
上書き保存（ショートカットキー） …… 86, 88, 165

エ
エクスプローラー ………………… 146
　起動時の表示場所 ……………… 148
　［表示］タブ設定 ………………… 149
　検索ボックス …………………… 174
　表示設定 ………………… 136, 146
　リボン形式の表示・非表示 ……… 152

エグゼキュート …………………… 27
エディション ……………………… 30
延長サポート ……………………… 32

オ
応用ソフト ………………………… 20
オクタコア ………………………… 27
［送る］メニューへの項目追加 …… 186
「送る」機能 ……………………… 185

カ
カーソルの位置から選択
　　　（ショートカットキー） ……… 84
カーネル …………………………… 25
階層構造 …………………………… 132
解凍 ………………………………… 157
回復ドライブ ……………………… 250
拡張子 ……………………… 119, 122
　代表的なもの …………………… 122
　関連付け ………………………… 120
　関連付けの変更 ………………… 127
　表示 ……………………………… 119
カスタマイズ ……………………… 45
仮想デスクトップ ………………… 70
壁紙 ………………………………… 66
　変更 ……………………………… 68
画面キャプチャ …………………… 71
画面スクロールの設定 …………… 111
関連付けを設定する ……………… 128

キ
キーボードの文字配列 …………… 91
キーロガー ………………………… 203
記憶媒体 …………………………… 17
基本ソフト ………………………… 20
休止状態 …………………………… 223
強制終了 …………………………… 236
行頭まで選択（ショートカットキー） …… 84
行末まで選択（ショートカットキー） …… 84
切り取り（ショートカットキー） …… 90

ク
クアッドコア ……………………… 27
クイックアクセス ………………… 147
　ピン留め ………………………… 148
　フォルダーを表示 ……………… 148

クラウドサービス	160

ケ

検索	172, 174
ファイル内容	175
検索（ショートカットキー）	88

コ

コア	27
コピー（ショートカットキー）	81, 88
コピー＆ペースト（貼り付け）	
（ショートカットキー）	81
コピーファイルの作成	167
ごみ箱	182
コルタナ	173, 177
コンテキストメニューの表示	
（ショートカットキー）	105
コンピューター	14

サ

再起動	223
最近使ったファイルを開く	58
最近開いた項目を表示	61
最適化	231, 233
サイバー攻撃	206
サインイン	74
サポート期間	32
サムネイル表示	54, 58, 94

シ

視覚オプション	219
磁気ヘッド	194
システムソフトウェア	18
システムの種類	31
システムの復元	238
システムファイル	130
自動バックアップ機能	187
自動メンテナンス	213, 225
シャットダウン	223
シャットダウン（ショートカットキー）	103
ジャンプリスト	58
ファイルを登録	59
フォルダーを登録	59
修飾キー	79
ショートカット	47, 153
作成	47, 153
ショートカットキー	78
作成	109
常駐アプリケーションソフトの無効化	215
初期状態に戻す	248
新規作成（ショートカットキー）	88
新規フォルダーの作成	
（ショートカットキー）	98
シングルサインオン機能	74

ス

スクリーンセーバー	73
スタートアップ修復	247
スタート画面からピン留めを外す	52
スタートボタン	46
スタートメニュー	46, 50
フォルダーを表示	51
ストアアプリ	50
ストレージ	29
スピンドルモーター	194
スペック	28
すべてを選択（ショートカットキー）	83, 88
スリープ	223

セ・ソ

セキュリティ更新プログラム	228
セキュリティホール	228
全選択（ショートカットキー）	83
外付けハードディスク	200
ソフトウェア	16, 20

タ

タイル表示	51
タイルメニュー	46
外す	52
ダウンロード	178
［ダウンロード］フォルダー	178
ダウンロードしたファイルの保存先	178
タスクバー	46, 53
登録	55
ピン留めをする	55
位置を変更	63
固定	64
幅の変更	62
表示・非表示	64
ボタン表示の設定	63

タスクビュー ……………………………… 94
[タスクビュー] ボタン ………………… 54
タスクマネージャ ……………… 101, 214, 236
タスクマネージャ (ショートカットキー) …… 236
タブの切り替え (ショートカットキー) …… 99
断片化 ……………………………… 230

ツ

通知領域 …………………………… 46, 56
 アイコンを追加 ………………… 56
ツリー構造 ………………………… 132

テ

データ ……………………………… 36
 復元 ……………………………… 190
データファイル …………………… 116
テーマ ……………………………… 67
 変更 ……………………………… 67
ディスクのクリーンアップ ………… 231
ディスプレイ・プログラム ………… 18
テキストの選択 (ショートカットキー) … 82
デコード …………………………… 27
デジタル …………………………… 37, 39
デスクトップ ……………………… 42
 仮想 ……………………………… 70
 表示 ……………………………… 59
 表示・非表示の切替 …………… 59
デスクトップアイコンの設定 ……… 65
デスクトップアプリ ……………… 50
デフラグ …………………………… 231
デュアルコア ……………………… 27
テンキー …………………………… 79
電源オプション ……………… 219, 223
電源ケーブル ……………………… 243
電源とスリープ …………………… 222
電源ボタンの長押し ……………… 237
電源ランプ ………………………… 243
添付ファイル ……………………… 158

ト

動作クロック ……………………… 27
[ドキュメント] フォルダー ………… 130
ドライブの最適化 ………………… 231
トラブルシューティング …………… 212
トンネル効果 ……………………… 196

ナ・ニ

名前を付けて保存 ………… 123, 165, 166
日本語キーボード ………………… 79

ハ

バージョン ………………………… 34
バージョン情報 …………………… 28
パーソナルコンピューター ………… 14
パーティション …………………… 131
ハードウェア ……………………… 16
ハードディスク …………… 23, 116, 129, 194
 使用量 …………………………… 30
 断片化 …………………………… 232
 内部構造 ………………………… 195
 容量 ……………………………… 29
背景画像 …………………………… 67
バイト (Byte) ……………………… 155
パス ………………………………… 136
 コピー …………………………… 138
 表示 ……………………………… 138
パスワード ………………………… 203
 設定 ……………………………… 170
パソコンの不調 …………………… 212
バックアップ ……………… 183, 200
バックアップ先 …………………… 193
バックグラウンド実行 …………… 216
[パフォーマンス] タブ …………… 214
パフォーマンスを優先 …………… 217

ヒ

ビープ音 …………………………… 244
光メディア ………………………… 197
ビット (bit) ………………………… 155
開く (ショートカットキー) ………… 88
ピン留めを外す …………………… 52

フ

ファイル …………………………… 36, 114
 開かない ………………………… 162
 内容の検索 ……………………… 175
 圧縮 ……………………………… 157
 解凍 ……………………………… 157
 関連付けの変更 ………………… 127
 形式 (フォーマット) …………… 118
 検索 ……………………… 172, 174
 互換性 …………………………… 125

サイズ	154	
サイズの表示	155	
種類	118	
種類（形式）	125	
パスワードの設定	170	
保存場所	129	
容量の単位	156	
履歴	188, 192	
削除（ショートカットキー）	99	
ファイル名	119, 140	
使えない文字	141	
長さ	140	
問題点	143	
指定して実行	100	
8.3形式	146	
アルファベット	144	
区切り記号	145	
作成者名	144	
通し番号	144	
トラブル	146	
日付	143	
ファイル・フォルダー名を変更		
（ショートカットキー）	98	
ファイルを読み取り専用に設定	169	
ファンクションキー	108	
フェッチ	27	
フォルダー	132	
構成	132	
分け	133	
タスクバーへ登録	55	
復元ポイント	238	
ブラインドタッチ	112	
フラグメンテーション	230	
フラッシュメモリー	196	
プラッター	194	
フリーズ	212, 235	
プログラム	15, 20	
プログラムファイル	116	
プロセッサー	23	
文書の最後まで選択		
（ショートカットキー）	84	

ヘ

ペースト（貼り付け）	
（ショートカットキー）	81, 90
ヘキサコア	27

マ

マウスの設定	110, 220
マウスポインターの速度	110

メ

メインストリームサポート	33
メインストリームポリシー	32
メニューを表示（ショートカットキー）	105
メモリー	23, 116
メモリーカード	196
メモリ容量	28

モ

文字キー	79
文字の選択（ショートカットキー）	83
文字ブロックの選択	
（ショートカットキー）	83
元に戻す（ショートカットキー）	86, 90

ヤ・ヨ

やり直し（ショートカットキー）	87
よく使うアプリ	48
読み取り専用	169

リ・レ・ロ・ワ

リカバリー	246
離散的	37
リソース	21
リンク	48
レジストリ	139
連続的	37
ローカルアカウント	74
ロック	72, 224
ロック（ショートカットキー）	103, 224
ロックキー	79, 80
ロックキーのオン・オフ	80
ワイルドカード	175

■著者
唯野 司（ただの つかさ）

1963年生まれ。福岡県北九州市在住。長年、パソコンやインターネット関連の執筆にあたるかたわら、最近は企業内で仕事に必要なパソコンスキルの研修を行ったり、マネージメントにも携わる。主な著書に「わかったブック」シリーズ、『Windows7の"困った"を解決！トラブル回避とカスタマイズの極意』『パソコンの調子をとりもどす Windows7のリカバリー＆バックアップ』『WindowsXPの迷わずできるバックアップと Windows8/8.1 へのお引越し』（以上、技術評論社）などがある。

カバーデザイン◆LIKE A DESIGN 渡邉 雄哉
カバー・本文イラスト◆オオノマサフミ
本文デザイン・DTP◆田中 望
編集担当◆熊谷 裕美子

即戦力になるための
パソコンスキルアップ講座
〜土台をつくる基礎知識と効率アップの仕事術〜

2017年 3月29日 初 版 第1刷発行
2017年 5月 2日 初 版 第2刷発行

著 者　唯野 司
発行者　片岡 巌
発行所　株式会社技術評論社
　　　　東京都新宿区市谷左内町 21-13
　　　　電話 03-3513-6150　販売促進部
　　　　　　 03-3513-6166　書籍編集部
印刷／製本　図書印刷株式会社

定価はカバーに表示してあります。

本書の一部または全部を著作権法の定める範囲を超え、無断で複写、複製、転載、あるいはファイルに落とすことを禁じます。

©2017　唯野 司

造本には細心の注意を払っておりますが、万一、乱丁（ページの乱れ）や落丁（ページの抜け）がございましたら、小社販売促進部までお送りください。送料小社負担にてお取り替えいたします。

ISBN978-4-7741-8864-5 C3055

Printed in Japan

■問い合わせについて
　本書に関するご質問については、「解説の文意がわからない」「解説どおりに操作してもうまくいかない」といった本書に記載されている内容に関するもののみとさせていただきます。本書の内容と関係のないご質問につきましては、一切お答えできませんので、あらかじめご了承ください。また、電話でのご質問は受け付けておりませんので、FAXか書面にて下記までお送りください。弊社のWebサイトでも質問用フォームを用意しておりますのでご利用ください。
　なお、ご質問の際には、書名と該当ページ、返信先を明記してくださいますよう、お願いいたします。
　お送りいただいたご質問には、できる限り迅速にお答えできるよう努力いたしておりますが、場合によってはお答えするまでに時間がかかることがあります。また、回答の期日をご指定なさっても、ご希望にお応えできるとは限りません。あらかじめご了承くださいますよう、お願いいたします。

■問い合わせ先
〒162-0846
東京都新宿区市谷左内町 21-13
　株式会社技術評論社　書籍編集部
「即戦力になるための
　パソコンスキルアップ講座」係
　FAX 番号　：03-3513-6183
　技術評論社 Web：http://gihyo.jp/book